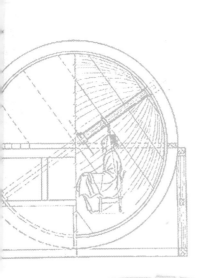

競技

圖解中國科技史

中國

周瀚光、王貽梁◎著

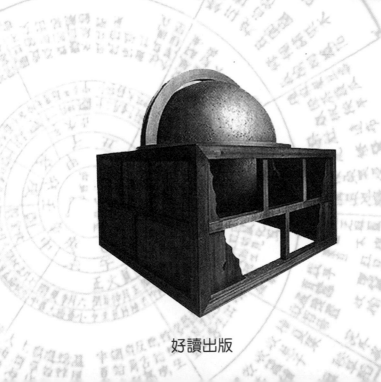

好讀出版

目次

序

　　中國是一個歷史悠久的文明古國。她不僅有著絢麗多姿的思想史、軍事史、文學史、藝術史、社會史,而且有著光彩奪目的科學技術史。她在數學、天文、農學、醫學等各個學科領域,曾經獲得了許許多多的科學發現、科學發明和創造,尤其是在十五世紀以前,她的科技發展水準曾經長期居於世界科技的領先地位。儘管在十六世紀以後,由於種種社會原因,中國的科技發展有所滯緩並一度落後於西方,但到了二十世紀中葉之後,國人又奮起直追,逐步縮短了與西方科技發展的差距,並正在為建設一個真正的科技強國而加倍努力。本書的宗旨,就是要用圖片和文字說明的形式,充分展現這一段中國科技發展的漫長歷程,展現中國古代科技的驕傲與光榮。

　　本書把中國科技史的發展分為六個時期。首先是先秦時期,這是中國古代科技從萌生到奠立基礎的時期;其次是秦漢時期,這是中國古代科技的各個學科逐步建立體系並形成風格的時期;其三是魏晉南北朝時期,這是中國古代科技創新不斷湧現的時期;其四是隋唐時期,這是

中國古代科技持續發展的時期；其五是宋元時期，這是中國古代科技
發展的高潮和黃金時期；其六是明清時期，這是中國科技發展相對滯緩
並逐步匯入世界科技發展洪流的時期。本書的最後是一個結語，其中預
言：在不久的將來，中國必定會以一個科技巨人的形象重新屹立在世界
的東方！

　　本書由周瀚光和王貽梁合作完成。其中周瀚光負責採集圖片並撰
寫圖片說明，王貽梁負責撰寫各章節文字。在採集圖片過程中，作者
得到了中國歷史博物館安家瑗和董琦先生的大力幫助，得到了中國科
學院自然科學史研究所何紹庚先生和清華大學圖片社等單位的大力幫
助，在此謹向所有對作者提供過幫助的單位和個人表示誠摯的謝意。

作者
一九九九年九月於麗娃河畔

導　言

古代世界的科技巨人——中國

在我們這個地球歐亞大陸的東部，有一片廣袤而神奇的土地。

這片土地的東西經度橫跨六十多度，南北緯度縱越近五十度，它的面積幾乎與整個歐洲相埒。

這片土地上有高山峻嶺、丘陵盆地、高原平陸、沙漠戈壁、森林草原、溶洞石林、江河湖海，地質地貌千姿百態，物產物藏豐厚富饒。

這片土地大部分處於北溫帶中，南部少許延伸至亞熱帶中，氣候潤澤宜人。

這就是世界四大文明古國之一的中國！

中國人素來以特別能吃苦耐勞與特別的勇敢智慧而聞名於世，他們在這片土地上披荊斬棘，篳路藍縷，創造出了燦爛的古代文明，也創造了燦爛的古代科學技術，成為古代民辦的科學技術巨人，並在很長時間裡走在世界的最前端！

然而，由於天然的地理環境因素，西部、北部的高山峻嶺、沙漠戈壁與東部、南部的汪洋大海成為了天然的屏障，將這塊古老的土地與整個世界幾乎完全隔絕開來，成為一個相對封閉的區域。

這道天然的屏障，阻礙了這個文明古國與世界雙方的相互了解，雖然從兩三千年前起就已有人嘗試打通這道屏障，但即使是漢朝派遣的張騫出使西域，也不過是使這道屏障露出一些縫隙而已。後來雖然有了盛唐的絲路通道，但也主要是商賈貨物的往來，科學與文化的交流依然並不興盛。

　　因此，直到十七世紀以前，中國與外部世界的相互了解幾乎近於空白，古老的中國總以為自己是天下的中心，外面的世界小得很，外面的世界不精彩。整個世界對中國也只有一種朦朧而神祕的感覺，以至於在分享了古代的科技成果，並在這個基礎上建立起了近現代的科學體系之後，也還不知道中國在其中的貢獻。

　　當然，再堅固的屏障也終究會被打破，只是時間已經太晚了。

　　從十四世紀開始，歐洲相繼進行了文藝復興運動與近代科學革命、工業革命，獲得了脫胎換骨的飛躍。此時的中國卻進展遲緩，甚至還呈現停滯。這兩種強烈反差的速度造成的結果是，西方站到了世界的最前頭，而中國這個昔日的巨人卻遙遙地落伍了，而且這種差距越拉越長。這樣，從十六世紀下半葉歐洲傳教士來華起，西方人看到的中國已猶如病貓一般，又有多少人會知道中國曾經是世界科學技術的巨人呢？

　　幸而事物的發展總是由正、反兩方面構成的，有來也就有往。當西方的科學技術大舉東漸的時候，中國五千年的文明與科學也緩緩續續地、點點滴滴地、悄然無聲但也不可阻擋地傳入了歐洲。於是，有遠見的西方學者開始研究東方的中國，只是這種研究的進展實在是太緩慢了。

　　直到一九三〇年代才出現了轉機。英國的著名學者李約瑟（Joseph Needdhan）致力於中國科技史研究，最終在五〇年代開始推出了鴻篇巨作《中國科技史》。這是西方學者研究中國科技史最全面、最權威的成果。

這部著作中，李約瑟對古代中國的科學技術作出了高度的評價，確認古代中國「在西元三世紀到十三世紀之間保持一個西方望塵莫及的科學知識水準」（《中國科技史・序言》）。

李約瑟對中國科技評價最高的是發明與發現，他認為：「中國的這些發明和發現遠遠超過同時代的歐洲，特別是在十五世紀之前更是如此（關於這一點可以毫不費力地加以證明）。」美國學者羅伯特・坦普爾更坦言：現代社會賴以建立的基礎，有一半要依賴中國人的發明。

如此高度的評價，標誌著中國這個古代科學技術的巨人終於得到了國際的承認，而這又是一個多麼漫長而艱難的歷程啊！

在經歷了古代的輝煌燦爛，近代的落後屈辱，當代的改革開放之後，中國人比任何時候都更懂得科學技術領先的重要性和迫切性。

以中國人特有的堅毅與高超的智慧，一定能不辱先人、無愧世界，重振科學技術巨人的雄風，再登世界科學技術的最高峰。

漫漫歲月中的萌生與奠基
（先秦時期）

　　世界古地質學、古生物學、古人類學的考古成就顯示：在地球史的第四紀更新世，猿類中的某些群落開始向人類進化。

　　中國古地質學、古生物學、古人類學的考古成就顯示：中國是早期人類起源的發祥地之一。

　　從雲南祿豐古猿、湖北鄖縣南猿、雲南元謀猿人，直到藍田猿人、北京猿人、和縣猿人，構成了從八百萬年前至二十萬年前猿人發展進化的完整序列。此後的原始人類遺址更是星羅棋布，不計其數。

　　有了人類，也就必然會有人類的科學技術。科學技術是人類勞動的伴生物，是人類血汗與智慧的結晶，更是相助人類自身發展的動力。

　　從兩、三百萬年前到約一萬年前，是中國的舊石器時期。它是那麼的漫長，漫長得使現代人簡直無法想像。然而，就在這漫漫的歲月中，科學技術就從那第一堆篝火、第一件石器、第一架弓箭中悄然無聲地開始萌芽了。

一、英雄治水‧聖人造物

流傳於傳說中的科技理念

▊自然觀

在早期人類的神話與傳說中，洪水是一個世界性的普遍話題。

古代中國也有許多的洪水傳說，如共工治水、鯀父治水、鱉靈治水、大禹治水等等。最為著名的，自然要數大禹治水了。

相傳在原始社會末期的舜帝時期，發生了一次超級大洪水，滔滔的洪水橫行天下，淹沒了平原大地，只有山陵還露出頭。舜先是派共工氏去治水，再派鯀去治水，但都失敗了，最後又派鯀的兒子大禹去治水。大禹廢寢忘食、沐雨櫛風，三過家門而不入，整整用了十三年的時間才終於平息了這場特大號的洪災。

這個傳說故事其實暗示並說明了中國人的自然觀。

人類生存在天地萬物的大自然中，以茲為生產、生活的對象，不斷地有無數的「為什麼」要問，最終匯成了對自然的系統觀念和看法，這就是自然觀。

人類對於自然的具體看法可以有許許多多，但歸結到立場與態度

● 大禹陵

這是大禹陵，是中國古代的治水英雄——大禹的葬地，位於浙江省紹興市東南郊的會稽山麓，現為浙江省重點文物保護單位。相傳大禹奉命治水，「八年於外，三過家門而不入」，苦心勞身，歷盡艱辛，終於治平洪水；繼而大會諸侯於會稽，論功封賞；死後葬於會稽山。

❶大禹陵碑

這是紹興大禹陵內碑亭。碑上所刻三字為明代紹興知府南大吉所書。

上,則不外乎是積極進取與消極順從這兩類。

　　對於科學技術的發展來說,不同態度的自然觀勢必會產生截然不同的結果。只有不畏艱難、積極進取,科學技術才會不停地向前發展。

　　古代中國人對待自然的態度,在大禹治水的傳說中得到了集中體現。面臨滔天的洪水,人們前赴後繼,屢敗而屢戰,最終獲得了抗洪的勝利。

　　在古代中國的傳說中,類似大禹治水的事例還有許多,如女媧補天、夸父追日、羿除百害、精衛填海等,連綿不絕。在這些傳說中,無論是成功還是失敗,都充滿著激昂向上、奮鬥不息的英雄主義精神,表現出了積極的自然觀,而大禹治水則是一個典型的個案。

　　千百年來,這樣的自然觀始終占據著主導地位,正因如此,中國的科學技術才獲得了世界矚目的成就!

▋科學觀

　　在世界各地中,有關自己民族早期的創造傳說可說是深具意味。

在古希臘，一切創造都歸於一位上天之神——赫拜思妥斯。古埃及、古羅馬也都相近。

在古代中國，似乎有著特別強烈的歷史記載習俗，許多創造發明都記錄下了具體的發明人（詳列於上古發明簡表）。當時的人們非常尊敬、仰慕這些創造發明者，稱他們為「聖人」、「智者」，後人評說當時的這種觀念為「聖人（智者）發明論」。

「聖人發明論」並不全然正確，因為早期的發明大多出於普通的群眾，他們沒有名姓流傳在青史上，他們的功績往往被記在他們的部落頭領或更高的盟主身上。然而，與宗教、神話的「上帝造物論」或「神靈發明論」相比，「聖人發明論」無疑有著實質的進步。人們不會去等著上帝或神靈將發明物恩賜下來，而將發明的希望放在了「人」的身上。

正是因為有了這實質的進步，古代中國人才有著更為強烈的發明創造欲望和激情，也就有了更為豐富的發明創造成果。

這是古代中國科學技術的幸運！

● 大禹像
這裡大禹廟大殿內的大禹塑像，高六公尺，頭戴晃旒，手捧玉圭，身披朱雀雙龍華袞，雍容大度，令人肅然起敬。

【知識百科】

發明圖簡表

請特別注意「發明者」一欄。

很顯然，表中所有的發明者都有一個共同的特點，即都是人而不是神。即使其中的少數人有一些神化的色彩，但其本質依然還是人。

從表中可以看到發明最多的是垂，他是帝俊的一位臣下，他的發明有農具、弓箭、舟船、樂器，範圍廣且數量多，可以說是上古時期的發明大王，所以《山海經·海內經》稱他為「巧垂」，到《抱朴子·辨問》更冠以他「機械之聖」的稱號。

■上古發明簡表

發明者	發明物	資料來源	發明者	發明物	資料來源
燧人氏	火	《世本》、《韓非子·五蠹》	垂	弓	《荀子·解蔽》
炎帝		《論衡·祭意》、《管子·輕重(戊)》	后羿		《墨子·非儒下》、《呂氏春秋·勿躬》
祝融		《國語·鄭語》	夷牟	矢	《世本》
黃帝		《管子·輕重(戊)》	學遊		
有巢氏	巢屋	《韓非子·五蠹》、《易·繫辭下》	逢蒙	射	《世本》
舜	室	《淮南子·修務訓》	抒	甲	《世本》
高元		《呂氏春秋·勿躬》	蚩尤	兵	《世本》、《呂氏春秋·蕩兵》
禹	宮室	《世本》	辱收	銅	《山海經·西山經》
鯀	城	《呂氏春秋·君守》	番禺	舟	《山海經·海內經》
神農	農業	《新語·道基》、《淮南子·修務訓》	帝俊		《山海經·大荒北經》
后稷		《山海經·海內經》、《大荒西經》	化狐		《世本》 張揖注
神農	·藥	《世本》、《淮南子·修務訓》	虞姁		《呂氏春秋·勿躬》
神農	耒耜	《世本》、《易·繫辭下》	垂		《墨子·非儒下》
后稷		《世本》、《尚書·呂刑》	共鼓		《世本》
垂	耒耜	《世本》	共鼓貨狄		《說文》
	銚、耨		奚仲	車	《世本》、《新語·道基》等
赤冀	杵	《呂氏春秋·勿躬》、《路史·後紀三》	吉光		《山海經·海內經》
雍父	臼	《世本》、《說文》	黃帝		《太平御覽》卷七七三引《古史考》

發明者	發明物	資料來源	發明者	發明物	資料來源
伯益	井	《淮南子·本經訓》	風后	指南車	《太平御覽》卷十五引《志林》
胲	服牛	《世本》	臘	駕	《世本》
叔均	牛耕	《山海經·海內經》	韓哀	御	《世本》
大費	馴鳥獸	《史記·秦本記》	隸首	數	《世本》
伯益	知禽獸	《漢書·地理志》	豎亥	算	《山海經·海外東經》
舜	馴象	《論衡·偶會》	垂	規矩	《世本》
芒	網	《世本》	禹	準繩	《史記·夏本紀》
蛛蟊	網罟	《呂氏春秋·異用》	太撓	甲子	《世本》
嫘祖	蠶絲	《路史·後紀五》、《通鑑外紀》卷一	容成	曆	《世本》
胡曹	衣、冕、衰服	《世本》	黃帝		《世本》
伯余	衣、裳	《世本》、《淮南子·氾論訓》	后益	占歲	《呂氏春秋·勿躬》
少康	箕帚	《世本》	垂	鐘	《世本》、《呂氏春秋·古樂》
紂	玉床	《世本》	伏羲	琴、瑟	《世本》
周武王	簁、籆	《世本》	神農		
宿沙	鹽	《世本》、《說文》	垂	鼛、鼓、磬、芩、管、壎、簾、鞀	《呂氏春秋·古樂》
儀狄	酒	《世本》、《呂氏春秋·勿躬》			
少(杜)康	秫酒	《世本》			
昆吾	陶、瓦	《世本》、《呂氏春秋·君守》	舜	簫	《世本》
重雍氏	鑄石成器（原始玻璃）	《穆天子傳》	堯	圍棋	《世本》
			斁首	畫	《世本》
祝融	市	《世本》	倉頡	文字	《荀子·解蔽》、《說文》
般	弓矢	《山海經·海內經》	倉頡		《世本》
揮	弓	《世本》、《說文》	沮誦		

二、石器‧銅器‧鐵器

三器時代的交替是力的飛躍

先秦時期,是一個漫長而神奇的時代。

它那跨越石器時代、銅器時代、鐵器時代的獨有經歷,銘刻著無盡的艱辛與血汗,飄逸著誘人的傳奇與浪漫。

當人們越過先秦時期的兩千多年之後,再回眸這石器、銅器、鐵器的時候,已經不再局限於具體的器物,而是站在一個更高的視點,將它們視為不同生產力水準與科學技術水準的標誌。

▊ 石器時代

石器是力,是強大的力。從猿類脫胎而來的人類,選擇了石器做為最強力的工具。

人類是幸運的,當人類誕生時,已經有了一個萬物俱備的大自然,人類能夠在這個大自然中進行充分的選擇。選擇的結果,是那些具有強硬力量的木、竹、骨、石成為了最主要的工具。而在木、竹、骨、石之中,又以石的堅與硬為最,石的力量成為這個時代的象徵。

從偶然到必然,人類使用石器的歷史已經有兩百多萬年了!

做為工具的石器,早期的製作方法以打擊為主,屬於舊石器時期;晚期在打製的基礎上增加了磨光的步驟,從此進入了新石器時代。

石器時代的先人們給我們後人留下那麼多姿態各異的石器製品,考古學家會告訴你什麼呢?

器形大而重,有刃部的,是砍砸器。

器形較小,有刃部的,是刮削器。

頂端有尖刃的,是尖狀器。

器形大而呈不規則球型的,是球狀器(又稱「石核」)。

❶ 石耘田器
新石器時代的石耘田器,原始的中耕農具,後來發展成鋤。長十八公分,寬六‧五公分。浙江吳興錢三漾出土,現藏於中國歷史博物館。

◗ 石耘田器的使用示意圖

器形小而像箭頭的，是鏃形器（又稱「石鏃」）。還有石斧、石刀、石矛、石鏟、石鏟、石鑿、石鐮、石磨與石質裝飾品等等，形制就較易於識別了。

一件成熟的石器，要經過選料、切割、打製、磨光一系列的工序，有的還要進行鑽孔或雕刻，製成一件最簡單的石器也不是那麼容易。

石器的鑽孔，是件充分體現遠古先民智慧的技術。在沒有金屬工具的條件下要在石頭上鑽一個孔，其難度可想而知。先民們發明了用木棒、竹棒或石製的鑽頭，蘸上濕的沙子，在石器上用手或弓弦不停地旋轉，如此鑽出了大小各異的石孔。

然而，石器的力是有限的：它很硬，卻不夠堅韌；它很容易得到，卻不容易加工，更難以製成精良的工具。這一切，都使得石器工具的工作效率很低。

漫漫的原始社會綿延了二至三百萬年之久，其根本的原因是生產力發展極其緩慢。制約生產力發展的因素有兩個：一是早期人類的科學技術知識與技能極其低下；二是以石器為主的生產工具效率極其低下。

石器，歷史注定了它只能是人類有限度的朋友與助手。當歷史發展到一定階段時，人類又以自己的智慧與才能找到了新的朋友與助手，那就是「銅」！

▍銅器時代

與石器相比，人們對銅器的感覺明顯地要親近多了。

【 知 識 百 科 】

弓箭

舊石器時代裡，人類最複雜的、科學技術含量最高的工具是弓箭。

弓箭的發明，是人類對彈性物質與彈性原理最初的認識與成功的運用。馬克思更是盛讚弓箭中已經包含了現代機器的三個要素：動力，人拉弓弦做功，將力能轉化為勢能；傳動，拉開的弓弦彈回，將勢能又轉化為動能，將箭彈射出去；工具，箭鏃射中物體，所發揮的作用與人直接用石器擊中物體是一樣的。

石鏃
這是新石器時代的石鏃，1957年河南陝縣三里橋出土，現藏於中國歷史博物館。鏃即箭頭。中國在一萬年前已經製作和使用弓箭，它延長了人的手臂，增強了人們戰勝自然的能力。

壹 貳 參 肆 伍 陸

❶ 銅爵

這是夏代的青銅酒器——銅爵。1974年河南偃師二里頭出土。通高十二公分，底長四．五公分，底寬五．五公分。現藏於中國社會科學院考古研究所。中國的青銅器最早出現於西元前三千年的馬家窯文化。夏代已能製造較複雜的青銅器物。

　　五、六千年前，以西北地方為主的北方地區新石器時代晚期，一點點地出現了一些小型的銅合金製品。而此時的人們恐怕還未曾意識到，他們從此進入了一個新時代——銅器時代（或稱「青銅時代」）。

　　銅器時代的萌始期很長，約有一、兩千年之久。這時，銅器猶如一片大荒漠上開始萌生的綠苗般，艱難地而又頑強地拱出地面。

　　到了大約三千五百年以前，從夏代晚期（考古學上的二里頭文化晚期）至商代早期（考古學上的二里崗時期），是銅器時代的奠定期，中型的銅器開始出現，宣告人類正式進入了這個新時期，「荒漠」終於「綠苗」遍野了！

　　從商代盤庚遷殷至西周早期，迎來的是銅器的鼎盛期。這個時期裡，精美絕倫的大型青銅器層出不窮，可說是青銅時代最輝煌的時期。

　　從西周中期至春秋早期，是銅器鼎盛的延展期，也有人將之劃入鼎盛期。這時期大抵保持了鼎盛期的輝煌，但缺少了鼎盛期的靈氣與生動，趨向凝固與制式化。

　　從春秋中期至戰國時期，是銅器的衰變期。這時雖然在鑄造技術上有許多的發明與創新，然而在整體上卻衰落了，因為新的「主角」——鐵器——已經登場了！

　　當人們面對那麼多繽紛燦爛的青銅器物時，知道究竟有多少器物嗎？

　　以用途而言，大致有農具與工具、兵器、食器、酒器、水器、樂器、雜器（包括生活用具、車馬器、貨幣、度量衡器、符印）等。

　　一件銅器的製作過程若要全面地考察的話，包括了採礦、冶煉、合金配製、製範、澆鑄與後期處理的一系列程序。

　　採礦，是極具工業意味的生產型態，現代考古為我們發現了近三千年前的遼寧林西古銅礦、湖南麻陽古銅礦、湖北大冶銅綠山古銅礦。特別是湖北大冶銅綠山古銅礦，

　乳釘紋銅方鼎

這是商代早期的乳釘紋銅方鼎。河南鄭州張寨南街杜嶺出土，通高一百公分，口長六十二．五公分，現藏於中國歷史博物館。

競技中國

● 銅綠山古礦井分段提升示意圖
這是湖北大冶銅綠山古礦井分段提升示意圖。

從西周時期一直使用到了春秋晚期，礦區延綿整個銅綠山，豎井、斜井、斜巷、平巷遍布全山，最深的採礦區深入到地下五十公尺。在沒有任何現代動力與機械的條件下，能深入到地下五十公尺，簡直是不可想像的。而當時的人們居然以極原始而又極巧妙的方法解決了通風、照明、排水、提升與巷道支護等等複雜而難度極高的技術問題，再一次向世界展示了古代中國的高超智慧與技能！

煉銅首先要有熔爐。古代中國的煉銅熔爐起初只用純草泥土做成，商代晚期開始出現了用石英砂與黏土組成的耐火爐襯，能經承受攝氏一千三百度的高溫。春秋時期的熔爐就更為進步，具備了現代鼓風爐的雛形。

最初的煉銅無法控制合金的比例，後來就演變為先煉出純銅與錫、鉛等，再配製冶煉出符合要求的合金銅（主要是鉛、錫合金）。合金配製的比例是古代經過長期摸索才掌握的。《周禮·考工記》記載了世界上最早的青銅合金配比表，這就是流芳千古的「六齊」。

製範是鑄造的前奏。先民們在實際操作中創造出了泥範、石範、陶範、銅範，後來還出現了鐵範、熔模。其中，泥範、鐵範、熔模是先秦時期的「三絕」。

「泥範」由於容易損壞，所以世界上使用者較少，而中國卻大量

● 司母戊青銅鼎
這是商代的司母戊青銅鼎，是商王文丁為祭祀其母而鑄造的。河南安陽武官村出土，重875公斤，通耳高132.8公分，通身高105.7公分，長106公分，寬79公分，是中國商周時代最大和最重的青銅器，反映了當時冶鑄技術的高度發展。

吳王夫差青銅劍
這是在山東臨朐出土的吳王夫差青銅劍。

地使用，是先秦時期銅器鑄造的基本範型，並一直使用到近代的砂型之前。「鐵範」的出現雖然較晚，但一出現就顯示其特殊的優越性，所以後來逐漸流行起來，成為大量重複鑄造的首選範型。「熔模」鑄造是一項更為先進的鑄造技術。具體用作塑模的材料較多，古代中國最先創造發明的是用蠟製成模具，稱為「失蠟法」鑄造。

考古發掘在河南淅川春秋晚期的楚墓與湖北隨縣戰國早期曾侯墓中都發現了用「失蠟法」鑄造的精美青銅器，研究表明，其技術已經相當成熟，可以斷言，最初的嘗試肯定還要早得多。

許多大型與複雜的器物還要用多塊的組合範來鑄成，有的還要用焊接技術來完成。在鑄好的器物上，有的還要進行錯磨拋光、刻鏤、鑲嵌、包金、鎏金等工藝，使器物更為精美華麗。

精美的銅器為人類帶來了什麼呢？是更美好的享受，還是能更快地提高生產力的工具呢？從根本上來說，人們當然更希望是後者。

與石器工具相比，銅器工具當然有較大的優越性。青銅工具的出現與使用，帶給農業生產與手工業生產更強的力量，也為夏、商、西周時期的繁榮與發展注入了新的活力。

然而，對這種新的強力不能給予過高的評價，青銅工具仍然有著先天不足。它相比石器工具所增加的「力」還不夠大，其價格優勢也不明顯，所以實際上，銅器工具（特別是農具）的數量並不很多，遠不如貴族們的禮樂用品。因此，在銅器時代，原始的石器工具並沒有被完全淘汰，而且仍占相當大的比例。有的學者主張將這個時期稱為「銅石並用時期」，認為這種說法可能更接近實際。

銅器對於當時社會生產力發展的作用，顯然不能單從生產工具評價，這種作用更體現在銅器生產全程

四羊尊
這是商代的青銅器四羊尊。它器型獨特，精細複雜，鑄造難度很大。湖南寧鄉出土，現藏於中國歷史博物館。

所蘊含的科學技術知識與技能上，它對整個社會的影響恐怕更大於銅器工具的直接作用。

銅器的產生，開創了一個嶄新的產業——冶金，這個意義就更不能限於一個短時期內來考察。如果沒有銅器生產帶來的冶金事業，其他一切金屬的冶煉幾乎不可能產生，也就沒有了人類後來的鐵器時代。

歷史讓銅器統率了一個過渡的時代，但銅器並沒有成為歷史的匆匆過客，它的輝煌永載青史，它的風采至今猶存。

銅器時代最高的歷史使命，是將為人類迎來一個最具強力的時代——鐵器時代！

❶嵌紅銅狩獵紋銅壺

這是春秋時期的嵌紅銅狩獵紋銅壺。中國的鑲嵌技術起源於商代，至春秋時期已趨成熟。這件銅壺的製作工藝是：先在範內預製出狩獵紋，鑄造後，器身就留有狩獵紋凹槽，向槽內嵌入紅銅絲，然後敲擊打平，稍加磨錯，即製成此件精美器物。

【知識百科】

婦好墓與青銅器

從一九二八年到一九三七年，當時的學術機關曾做過十五次發掘。發掘出較為大型（諸如鼎這樣的）的青銅器加在一起，只有一百七十件。而在一九七六年，曾經發掘過一個墓，叫「婦好墓」。甲骨文裡面有記載「婦好」，她是商朝的一位妃子，同時還是能帶兵打仗的武將。她的墓竟然出土了四百多件青銅器。

▌鐵器時代

我們的先人認識鐵，最早是從隕鐵開始的。

一九三一年，河南浚縣出土了商末周初的鐵刃銅鉞與鐵援銅戈；一九七二年，河北藁城臺西村出土了商代的鐵刃銅鉞。這些器物上的鐵，都是由隕鐵鍛打而成的。這是我們的先人使用鐵的開始。

最早的人工冶鐵開始於何時，至今尚未查知。但在春秋晚期，似乎是從地下冒出來般，一下子在全國許多地方都出土了鐵器，個別地方還有鋼製品出土，令今人大為吃驚而又百

❶鑄鐵範

這是戰國時期的鑄鐵範。範由鐵澆鑄而成，能多次重複使用，用以生產統一規格的鐵器。

思不解。

在古代世界，中國出現人工冶鐵的時間不是最早的，甚至可說是較遲的。然而，古代中國人工冶鐵發展的情勢卻出奇迅猛，在極短的時間裡就超越了當時世界的先進水準。

這是什麼原因呢？

雖然原因可能很複雜，在短時間裡也幾乎難以全部釐清，然而，與當時中國極其發達的冶銅技術有密切關係，則是絕對可以肯定的。

從春秋晚期到戰國時期終結，只不過短短的兩、三百年時間。就在這短短的幾世紀中，我們的先人在冶鐵技術上就獲得了三項重大的突破，在世界史上堪書一筆。

這三項技術就是：生鐵、鋼與鑄鐵柔化技術。

古代最初的人工冶鐵產物，是海綿狀的塊煉鐵（又稱「塊鐵」）。塊煉鐵的純度低、雜質多、強度低、硬度差，比青銅還不如。塊煉鐵只有經過鍛打，去除雜質，改變質地，才能成為較高強度的鐵。

我們的先人天才地發明了生鐵的冶煉。生鐵的熔點相對純鐵要低得多，因此，能夠用來鑄造形態各異的器物。生鐵比塊煉鐵的實際用途更為廣泛，可使鐵的使用迅速地擴大到社會的各個領域。

但生鐵的含碳量太高，特別是早期的白口鐵，質地硬而脆，很容易折斷，阻礙了它的實際運用。古羅馬在西元初也曾偶然煉得了生鐵，但因為沒有能力克服生鐵過脆的致命弱點，後來也就多廢棄不用了。一直到十四世紀，歐洲才開始正式使用生鐵鑄造，比中國則落後了足足有一千七百年之久。

我們的先人則又繼而發明了生鐵的柔化技術，成功地解決了生鐵過脆這一難題。生鐵的柔化技術，就是對生鐵進行長時間的加熱，使原來的碳化三鐵（Fe_3C）得以分解為鐵和石墨，使原來的脆性鐵變為了展性鐵。

● 戰國時期的白口鐵鑄鼎
這是戰國時的白口鐵鑄鼎。當時已能掌握鑄鐵的成分，完成了全是白口鑄鐵的鼎，這在世界上也是少有的。

鐵钁
這是戰國時期的鐵钁，其造型已接近現代使用的鐵鍬。

在鐵的冶煉史上，生鐵的柔化處理是一項劃時代的創造發明。正是因為有了這項突破性的技術，古代中國能使生鐵大量而廣泛地付諸應用，特別是用來製作農具與手工業工具，真正徹底地告別了石器時代，使社會生產力得以飛速地發展，造就出先進的古文明。

戰國時期的墓葬中有許多的生鐵鑄造的農具與工具，如鏟、钁、鋤、錛、削、鑿、刀、錐等，可見當時用鐵的熱潮。

在對生鐵進行柔化處理的同時，我們的先民又對塊煉鐵的處理技術進行了革新。

塊煉鐵的質地疏鬆而低劣，是其短處。但它的生產技術較為簡便，使得許多條件簡陋的地方也能生產。而且，正因為它的質地疏鬆，進行煅打就十分容易。我們的先民將塊煉鐵在爐火中反覆地煅打，結果卻產生了意想不到的效果、誕生出了世界上最早的鋼——滲碳鋼。

這種技術，是將塊煉鐵放入熾熱的木炭中長時間地加熱，使得鐵的表面滲入碳元素，再經過煅打，就成為滲碳鋼。後經過淬火處理，原先鬆軟的爛鐵成了堅韌的鋼材，質地超過了柔化生鐵，真可謂是醜小鴨變白天鵝了！

我們的先人也深知鋼優於鐵的所在，因此，就用它來製造兵器。鋼製兵器於春秋晚期已經產生，在南方的楚國墓與北方的燕國墓中都有相當數量的器物出土，可見當時這項技術的普遍程度。

由於鐵的優越性能遠遠超過了以往一切材質，冶鐵業成為了當時發

春秋末期的鋼劍

這是1976年在長沙火車站附近出土的一把春秋末年的鋼劍。經取樣分析，它是含碳量0.5至0.6%的中碳鋼。劍身斷面有反覆鍛打的層次，它是由塊煉鐵經過反覆退火、鍛打而成，說明了中國古代生產鋼的特殊工藝過程。中國在春秋時期就已有了鋼，這比歐洲要早得多。西元一世紀羅馬學者普林尼在他的《博物志》中談到，在當時的歐洲市場，雖然鋼的種類很多，但沒有一種能和中國來的鋼相媲美。這說明中國的鋼早已傳入歐洲。

> ## 【知 識 百 科】
>
> **美金？惡金？**
>
> 　　古人對銅和鐵的稱呼很有意思，他們把銅稱為「美金」，用來製作禮器；把鐵稱為「惡金」，用來製作工具。
>
> 　　鐵為什麼會被稱為「惡金」呢？這是因為最早的人工冶鐵所得的是塊煉鐵，質地較為低劣。不過隨著鐵的品質迅速地提高以後，「惡金」的名稱也就不再流行了，它成為冶鐵史上一閃而過的短暫插曲。。

展最為迅速的一門產業。從春秋末年還只有寥寥幾處冶鐵遺址，到戰國晚期冶鐵遺址大量湧現，發展速度之快令人吃驚！

　　到戰國晚期，鐵器農具已經明顯成為農具的主流。在一些發達地區，鐵製農具的比例占到了百分之七、八十以上。據《管子·輕重乙篇》的記載，一個農夫要有一耜、一銚、一鎌、一耨、一椎、一銍；一個造車的工匠要有一斤（斧）、一鋸、一釭、一鑽、一鑿、一鈠、一軻；一個婦女要有一刀、一錐、一箴、一術。由此可見，鐵器工具在當時社會的普及。

　　當鐵器那強大的力為當時的中國帶來了相對發達的生產力時，鐵器便迅速地成為這個時代的生產科技的主角與標誌。

　　這種新的、強勁的力也成為了封建制與皇帝制交替的最終推動者，為古代中國迎來了一個新的社會制度。

　　從石器到銅器再到鐵器，每一次的變革都為人類社會注入了更為強大的力量。

　　力的飛躍，賦予人類的是生產力與科學技術乃至整個社會的飛躍！

　　經歷了石器、銅器、鐵器時代的古代中國，風塵僕僕，歷盡滄桑，從一個古老的民族演變成了一個強盛的君主大國，它的整個科學技術的基礎也因而得以奠定！

●鐵椎
這是戰國時期的鐵椎，湖北大冶銅綠山古礦冶遺址出土的採礦工具。

三、神農和后稷開闢的事業

「天時、地宜、人力」與「精耕細作」的中國農業

古老的中國有兩位傳說中的農業開闢者——神農與后稷。

傳說中的神農生長在西北的姜水流域（今陝西岐山一帶）。他是率領部民改變茹毛飲血習俗的第一人，開墾土地，播種五穀，從此有了農殖事業，人們尊稱他為「神農」。

后稷是周人的始祖，也是周人的農神。他開創了周人的部落，開創了周人的農業。因此，周人對農業格外的鍾情。

當周武王成為天下之王時，這個農業古國對農業的重視達到空前的程度，形成了以農業為國家之本的重農思想。這一思想就此成為歷朝歷代根深蒂固的建國綱基，農業始終是國家最為重視的命脈產業。

在古代中國，農業是得天獨厚的，它成為古代中國的四大支柱科學之一。而農業科學最為顯著的特點，就是「天時、地宜、人力」的系統理論與精耕細作的技術要領。而這都萌生於原始時期，奠基於戰國中晚期。

■「天時、地宜、人力」的理論體系

古代中國在先秦時代就產生了著名的「天、地、人」三才思想，它將整個世界視為一個緊密相關的有機體，在古代中國有著極大的影響。這一思想滲透到各個領域中；在軍事上表現為「天時、地利、人和」；在農業上表現為「天時、地宜、人力」。

「天時、地宜、人力」的系統思想，

●后稷教民稼穡圖

后稷名棄，相傳是遠古時代有邰氏部落（今陝西武功縣境內）人，也就是後來周族的祖先。因為他掌握了相地之宜、選取嘉種等先進的農業技術，所以被當時的堯帝和舜帝任命為農官，教民稼穡，指導百姓進行農業生產。死後被尊為「百穀之神」。圖為后稷正向百姓傳授先進的農業生產技術。

壹

貳

參

肆

伍

陸

炎帝號神農氏,傳說中的中國上古帝王,中華民族的始祖之一。他教民耕種,並嘗百草,發明醫藥,用火治理百害,給人們帶來福音。晚年因為民採藥誤食有劇毒的斷腸草而去世。圖為郵票上的炎帝陵,又名天子墳。在湖南省炎陵縣城西。歷代百姓都十分重視對炎帝的奉祀和陵墓的修葺。

將農業生產最主要的方面做為一個不可分割的整體貫穿起來,成為此後中國農業的指導思想。

所謂「天時」,因為農業是在開放性的自然環境中進行的生產活動,受天氣的影響極大。人們常形容農業是「靠天吃飯」,即使在今天也沒有太大的改變。而土地是萬物之母,更是農業之母。古代中國的先民們,在先秦時期裡,從對大地母親的讚美、神化、禮祭到科學的認識、探索、研究,是人類進步的重要歷程之一。

無論是什麼時令,無論是在什麼樣的土地上,「人力」永遠是農業生產的行為主體。勤勞、智慧的古代中國人民,將自己的力量發揮到了極致,形成了獨具特色的精耕細作的風格。

■ 精耕細作風格的奠定

什麼是精耕細作?

以中國農民慣常的說法,那就是:要像養育自己的親生孩子那樣來培育、管理土地與農作物,不厭其精,不厭其細。

如何保持土地的肥力,這是耕作的第一難題。最早的原始人類採取的是生荒耕作制,開闢一塊土地的同時也就扔一塊。大約在原始社會的晚期,進展到了熟荒耕作制,能較有計畫地安排輪荒。在三代時期,又發展為休閒耕作制,把原來需要長期或較長期撩荒的土地,縮短為三年以

● 戰國時期的鐵犁鏵

鐵犁的使用為精耕創造了條件,是農業技術進步的體現。它不僅提高了生產效率,還有利於土地的開墾。圖為戰國時期的鐵犁鏵,河南輝縣固圍村出土。

● 都江堰（沙盤）

這是位於四川灌縣岷江上的都江堰，是中國先秦時期修築的大型水利工程。工程由當時秦國的蜀郡守李冰父子領導修築，由分水工程「魚嘴」、開鑿工程「寶瓶口」和閘壩工程「飛沙堰」組成一個有系統的整體。都江堰修成後，引岷江之水灌溉成都平原，直到今天仍然在農業水利方面發揮著重大的作用。

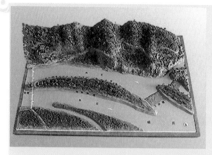

內的短暫休息。到春秋戰國之際，治理出了可以無需休耕而連續種植的「不易之田」，連續耕作制就此誕生了！

在一些地區，還出現了能在一年或幾年之內增加種植次數的輪作制，如「四種而五穫」（《管子·治國》）、二年三熟，直到「一歲而再穫之」（《荀子·富國》）的一年兩熟制。當時最為典型的一年兩熟制，就是以冬麥與春粟等相配。

耕作制度的不斷提高，首先是與耕地技術的不斷進步緊密相關的。生荒制能發展為熟荒制，與耒耜農具的發明、使用密不可分。而休閒制的產生又得益於犁耕技術的發明，特別是鐵製犁具的發明，促進了連續耕作制的誕生。

水是一切植物的命脈，更是農業的命脈。先秦時期的中國人民，天才地創造出了世界領先的、極為先進的農田灌溉系統。

這種灌溉系統起源於封建時代的井田制，它以遂、溝、洫、澮、川的溝渠系統與田間道路徑、畛、塗、道、路系統相配，大小有序，錯落有致，構成一個完整的網絡。它是那麼的完善、先進，不僅在此後的兩千多年中發揮了龐大的作用，就是在當代也依然是大田灌溉系統的基本形態。

● 李冰畫像

這是二千五百年前秦國的蜀郡守李冰。他帶領他的兒子二郎沿岷江兩岸實地考察，做出了科學的治水規劃，然後組織百姓修築了聞名世界的大型水利工程——都江堰。

大田灌溉系統中的水又來自何方呢？當然是從江河中來。

為使江河的水能源源不斷地流入大田，從春秋、戰國起，先人們開始創造性地興起了江河的灌溉工程熱潮。有著長期治水經驗的先人們，在南北的江河上擺開了「戰場」。當時最為著名的，是芍陂、漳水十二渠、都江堰、鄭國渠這四大

灌溉工程。四大灌溉工程中，又以都江堰為最。

　　都江堰，位於四川灌縣的岷江上，由蜀郡守李冰父子在秦昭王（西元前三○六～前二五一年）時修築。李冰父子巧妙地利用天然的地形加以改造，把岷江分為內、外二江，既消除水患，又提供了沿岸三百萬畝土地的灌溉水源，一舉兩得。整個工程的設計與施工都絕妙無比，顯示出極其高超的水準。即使是今天，也依然不是一般的工程技術人員能辦到的。在兩千多年前能達到如此高的水準，簡直不可想像。

　　肥料是保持、提高土地肥力的又一個關鍵要素。大約在西周時期，人們開始懂得鋤去田間的雜草並使之轉化為肥料。到春秋、戰國時期，又懂得了使用糞肥。這是一個極大的進步！正是由於它的出現，才使得連續耕作制真正地確立並普及起來。

　　精耕細作不僅體現在土地治理上，也體現在作物的栽培上。

　　一切作物的栽培都從種子開始。早在三千多年前，我們的先人就

壹

貳

參

肆

伍

陸

●富庶的成都平原

這是富庶的成都平原。由於都江堰不但設計先進，而且有一套合理的歲修管理辦法，因此都江堰建成後，使成都平原大約三百萬畝良田得到灌溉，使四川自此成為「天府之國」。

懂得不同品種的區分與良種的選擇。在《詩經・大雅・生民》中明確有了「嘉種」的名稱，還說明嘉種的外觀特徵是色澤澄黃、籽粒飽滿。在《詩經・七月》與《閟宮》中都講到了「重」和「穋」（《周禮・內宰》作「童」和「穜」）這兩個品種，前人的注解都說「重（童）」是先種後熟的品種，「穋（穜）」是後種先熟的品種，類似的還有「稙」與「稚」，這都比單純的「嘉種」更為細緻、更為進了一步。

在種子破土出苗直到收穫，是作物的生長期，時間跨度長，田間管理的內容最為豐富。有鋤地、中耕、除草、滅蟲、澆水、施肥等等，有的還要進行剪枝、打杈、去果等特殊的技術處理。

鋤地是中國古代先民一個獨特的創造，它看似簡單，功用卻並不簡單。它不僅能達到鬆土與除草的作用，還能有利於土層的蓄水與排水，促進植物根系的生長。

類似鋤地這樣的田間管理，充分展示了古中國農業技術的精細與高超。先秦時期奠定的基礎，一直延續了兩、三千年之久，成為古代中國農業最顯著的技術特點，為古代中國的農業作出了巨大的貢獻！

中國是世界農業中心之一，也是世界農業的誕生地之一。這個泱泱的農業古國，創造了諸多農業科技發展史上的輝煌成就，培育了諸多農作物與家畜。如水稻、高粱、粟、菽等糧食作物，瓜、瓠、韭、葵、芹、薇等多種蔬菜，同時也在世界公認的水果原生地中占有一半的席位，更是世界三大飲料之一茶的原產地，桑、蠶養殖貢獻的絲綢製品為世人所喜愛，還是最早家庭馴養豬、雞的國家。

從漢代開始，古代中國的這些農產品與家畜開始陸陸續續地向外傳播，逐漸地傳遍了全世界。像水稻、粟、高粱、菽、茶等農產品，現在許多國家的讀音還保持著中國的原始讀音。能夠為世界農業做出如此卓越的貢獻，可說是中國人不朽的榮耀！

▌農業科技發展的輝煌

作　物	發　源
水稻	一九九五年十一月，在湖南省道縣玉蟾洞發現了世界上最早的人工栽培水稻穀粒，距今已經有一萬八千年至兩萬兩千年，將人類栽培水稻的歷史足足提前了一萬多年。
粟	俗名穀子，它最早產於中國北方的黃河流域。最早的粟粒實物化石，是在山西省夏縣西萌村的舊石器遺址中發現的，距今已有五萬年之久。
菽	在河南古城村的仰韶文化遺址中見到了大豆的實物，距今年代有五千多年。
高粱	最早的高粱實物發現在中國山西省萬泉縣荊村，六千年至七千年前的新石器時代遺址中。
蔬菜	在三千多年前的《詩經》中，就有瓜、瓠、韭、葵、芹、薇等十多種蔬菜名稱；在更早的陝西省西安市半坡仰韶文化遺址中曾出土了白菜（或芥菜）的種子，距今有六千年左右。
水果	世界三大果樹原生地之一，也是最大的。華北為中心的地區產溫帶落葉果樹為主，如桃、李、梨、杏、柿、棗、栗等；華南為中心地區的產溫帶與亞熱帶的常綠果樹為主，如柑、橘、橙、柚、龍眼、荔枝、枇杷等。
茶	做為世界三大飲料之一的茶故鄉，就是中國雲南思茅地區。古人飲茶有五千年的歷史，而種茶成為農業生產是在三千年前的西周時期。
桑、蠶	一九二六年在山西夏縣西陰村一個距今五千年的原始遺址中發現了半個被切下的蠶繭，它是人們所能見到的最早的人工飼養蠶繭。
豬、雞	考古發現的骨骸與陶塑證實，早在八千年前的南方河姆渡文化與七千年前的北方裴李崗文化中，就已經有了家養的豬和雞，這表明開始馴養的時間更早。

四、王者之法：仰觀天象，俯察地理

天文學與地理學的奠定

《周易‧繫辭下》說到上古的伏羲氏「王（稱王）天下」的時，「仰則觀象於天，俯則觀法於地」，最終創製出了八卦。這一段話把天文、地理以至神權都納入了王者之法中，成為了統治者的御用工具。這也是從三代時期開始的中國天文、地理學的一個顯著的特點。特別是天文學，因為被認為是唯一能知「天命」的學科，國家的控制也就格外嚴密。

先秦時期的天文學與地理學，從無到有，是一個漫長而艱難的歷程，是無數的先民們以辛勤與智慧建立、奠定了這兩個學科。

■ 知「天命」的天文學

蒼茫的天空、閃亮的日月星辰、來去不可捉摸的風雨雷電，這一切似乎就在人們的身邊，卻又離人們那麼遠，充盈著無限的神祕。

要穿透這無限的神祕，人類只有從長期的觀測起步，才能有望獲得突破。古代中國的先民們，在天象的觀測與紀錄上表現出了超群出眾的才能與毅力。

早在原始時期還沒有文字的時候，先民們就在陶器、崖壁上畫下了他們所見到的太陽、月亮、星辰、銀河、雲彩等。等到文字產生以後，就累積起了一系列世界之最的天象紀錄——最早、最豐富、最為連續、最具準確性，成為世界天文學史上獨一無二的珍貴寶庫。中國先民在先秦時期，就記錄下了最早的日蝕、月蝕、太陽黑子、五大行星運行軌道與會合周期、彗星、流星（及流星雨）、隕星、極光

● 「日蝕」甲骨

商代刻在龜甲或牛骨上的占卜文字，被稱為甲骨文。在甲骨文和其他中國古代文獻中，保存著世界最早的日蝕紀錄。這塊刻有「癸酉貞日夕又食」文字的甲骨，提到在商王武乙某年某月癸酉日的一次日蝕，是較早的日蝕紀錄之一。

● 「月又食」牛骨

這塊牛骨上刻有「壬寅貞月又食」文字，是商代實際觀測有關月蝕的紀錄。據天文學家推算，此次月蝕出現在商王武乙時期，時間為西元前1173年7月2日，是月全蝕。

等現象，早於世界各國。

天象觀測紀錄，是整個天文科學的基石，是打開天文科學大門的鑰匙。中國從先秦時期所開創的天象觀測紀錄的優良傳統，為世界天文科學的建立與發展打下了紮實的基礎，使中國的天文學足以長期跑在全世界的前端。

天象觀測的豐富與持續，是憑著觀測者的勤奮與辛勞獲得的。而天象觀測乃至整個天文科學的準確性，則只有依靠天文儀器與設備才能達到。

先秦時期，先民們使用的早期天文儀器與設備主要有底下三種：圭表、漏刻與原始渾天儀。

圭表的結構極其簡單：表是直立的柱狀物（無論竹、木、石、磚做成的都一樣），圭是平放的尺規。圭表是從表發展而成的，是用來測定日影的。它的結構雖然簡單，但效用卻不少，可用來定方向、定節氣、定時刻、定地域。在中國的天文科學成熟以後，它的功用主要在兩方面：一是用於測定太陽的運行軌道與週期，從而確定回歸年的長度與季節時令的劃分；二是用於測定具體的時刻（這一類又稱日晷），是古代主要的計時器之一。

圭表是最早的天文儀器，表的產生可追溯至遙遠的遠古時代，圭表相結合為一體，最遲在西周時期便已產生了。

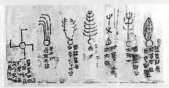

● 馬王堆出土的彗星圖

這是1973年在湖南長沙馬王堆漢墓中出土的彗星圖（部分摹繪）。原圖的《星占》部分在天蠍星座和北斗之間繪有二十九幅彗星圖。所繪彗星有三種不同的彗頭，四種不同的彗尾，說明當時對彗星形態的觀察已很精確，分類也很科學，反映了中國古代天文學的突出成就。

● 土圭（模型）

這是西周時期的土圭模型。土圭包括圭和表兩大部分：表是直立的標杆，圭是平臥的尺或盤。古代的人們用土圭測量日影的長度，以此來確定冬至、夏至和一年四季。

二十八星宿圖
這是在湖北隨縣出土的戰國時期的二十八星宿圖。

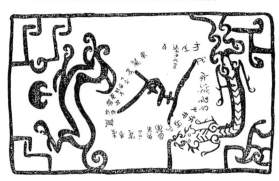

石日晷
這是一個在內蒙古呼和浩特出土的古代石日晷。其形制為正方形，表面平整，中央有一圓孔。圓孔之外有一半徑近四寸的大圓，大圓上刻有六十九個淺孔，孔間距離相等，約占圓周的三分之二強。小孔外按順時針方向刻有從一至六十九的號碼，這些小孔和號碼即是用來計時的刻度。

約在西周或稍晚的時期，還發明了另一件計時器——漏刻。

漏刻的漏是指漏壺，裝滿水以後能一滴一滴地漏水；刻則是指放在漏壺中刻有度數的尺規（古又稱「刻箭」、「箭」等），能夠根據漏去的水量讀出具體的時刻。與圭表（日晷）相比，漏刻能夠在沒有日影的陰天與黑夜中使用，這是它比圭表優越的地方。但它攜帶不便。

在天文學上，用途更為重要且使用頻繁的是觀測天體準確方位的渾天儀。

最早的渾天儀，可以肯定最遲在戰國時期已經產生。戰國時期的《石氏星經》與《甘氏星經》中，對諸多恆星的準確方位數值有明確的記載，而這僅有用渾天儀觀測才能得到，是當時已配有渾天儀的證明。

渾天儀所觀測的對象，除了日月五星（五大行星）以外，主要就是恆星。恆星滿天布列，量多而無序，怎麼來辨認呢？東西方的人走了一條相同的路：給予恆星固定的名稱。不僅每一顆星有具體的名稱，相鄰近的一些恆星還被組合起來賦予一個大的冠名。這些組合先民們稱之為星官，西方人稱之為星座。

西方人的星座主要有十二個，統稱為「黃道十二宮」，這也就是他們的恆星體系。

中國先民組合的星官有二十八個，統稱為「二十八宿」，後來又發展為「三垣二十八宿」，衍生為中國古代的恆星體系。

二十八宿的恆星體系最晚在中國的春秋戰國之際便已形成，一九七八年湖北隨縣擂鼓墩曾侯大墓出土的，西元前四三三年以前的漆箱蓋上所繪的彩色二十八宿全圖，是最強力的證明。

天文學歸根究底是以服務現實為根本目標的，在古代就集中應用在編製曆法上。

古代中國最早的曆法出現在夏代，收入漢代《大戴禮記》的《夏小正》，相傳是夏代的一部曆法。今日我們所能見到的《夏小正》實際上只能算是物候曆，與後來的曆法有著很大的不同。

始於夏代，之後各代都有曆法，但可惜的是沒能流傳下來。後世相傳的所謂「古六曆」（黃帝曆、顓頊曆、夏曆、殷曆、周曆、魯曆），實際上都是戰國時期的曆法，差不多都失傳了，只有在《開元占經》中還能見到少量的有關資料。

根據《開元占經》保存的資料，可以知道「古六曆」採用以365$\frac{1}{4}$日為一個回歸年，所以都是「四分曆」（取尾數四分之一相稱）。漢代產生的曆法也都採用這一數值，甚至東漢時的一部曆法就直接命名為四分曆。

由上可見，戰國時期的這些曆法確實奠定了後世曆法的基礎，有著不可磨滅的功績。

先秦時期的天文學，除了上述科技內容外，在宇宙起源與結構的理論上也有重要的建樹。特別是在宇宙起源論上，從《老子》的「道生論」到宋

⊙ 沉箭式銅漏壺

這是在河北滿城漢墓中出土的沉箭式銅漏壺。漏壺的提梁與壺蓋正中有相對的長方形孔洞，用來安插刻有時辰線的沉箭。壺外近底處有一小流管。壺中貯水，從流管慢慢滴出，壺中水位下降，觀測沉箭上的水位刻度即可確定時間。

鈃、尹文學派的「氣生論」，完成了一次質變性的飛躍。此後，「氣生論」成為古代中國宇宙起源的主流理論，是古代中國宇宙理論先進性的重要體現。

▊ 環繞「九州」的地理學

地理學的萌生，肇始於人類自己的腳下。

原始的人類從自己的腳下開始，逐漸地認識了各種地形，學會了辨別方向，儘管緩慢，卻始終有進展，且越來越臨趨奠基成型。

在兩、三千年前的《詩經》中，人們不僅可看到對各種地形大類上的認識（如江、河、山、土、田等），而且在同一大類下有更細的區分。以山為例，除了山、崗、丘這些次一類的分辨，還有再細一些的屺（有草木的山）、岵（無草木的山）、宛丘（四周高、中間低的山丘）、頓丘（孤立的山丘）、阿丘（偏高的山丘）等等。足見這時的地形知識已經相當豐富。

隨著人們活動範圍的擴大，逐漸地又有了區域的地理觀念。這種區域觀念逐漸地擴大，到國家建立以後，就形成為行政區域與疆域地理。

第一次全面闡述古代中國政區地理的是《尚書·夏書》中的《禹貢》，但這一篇實際上是戰國時期的作品。它把中國分為九個州，逐州介紹有關的地理與經濟情況。「九州」的劃分雖是虛構，是規劃全中國一統的理想設計，但它所記載的全國地理、經濟狀況確是當時的真實紀錄。

由於當時人們活動範圍的限制，在絕大多數人們的心目中，天下就是這「九州」大小。所以，當《山海經》呈現在人們眼前時，對它所記載那些並不明確可稽的域外風情，人們大多只視為荒誕不經的虛幻想像。

然而，敢於突破這「九州」地域觀念的勇士並不乏其人。在東南沿海，向蒼茫大海挑戰者有之；在西北面，向大漠高山挑戰者也有之。

現代考古以大量的實物證據，證明了早在先秦時期就有了中西交

通的事實，使得現代的人們對《山海經》與《穆天子傳》的記載必須刮目相看。

戰國時期齊國的著名學者鄒衍，第一次提出了令當時的人們目瞪口呆的「大九州」說：世界是由大塊的九州構成的，而中國只是位居中間的一州。這是一個了不起的思想學說！雖然它不完全正確，但它相對《禹貢》小「九州」的地域觀念是一個重大突破，是古代地理學的一個傑出貢獻！

先秦時期的中國地理學，有著世界上最早的地震紀錄與地變紀錄。特別是《詩經·小雅·十月之交》與《國語·周語上》記載的周幽王二年（西元前七八〇年）陝西周原地區發生的地震，同時還記載了岐山崩塌與地裂所造成的「高岸為谷，深谷為陵」的地變現象。這對於中國後世形成系統的地變觀念有著重大的作用。

地圖是地理學的另半爿天，有圖有文才能構成完整的地理學。

古代中國的地圖起源甚早，相傳大禹治水後所造的九鼎上就鑄有山巒百物。西周王朝建有專門的國家圖室，收藏著各種地圖，軍隊出征時也有專門的地圖，這在文獻與金文中都有明確的記載。一九八六年，在甘肅天水放馬灘的秦墓中出土了七幅畫在木板上的秦國邦縣地圖（西元前二三九年以前），這是現存世界上最早的地圖。在這七幅地圖中，雖然還保持著早期地圖尚有的圖畫遺跡，但基本上已具抽象示意性質，在比例、方位、距離、線條、地勢及房屋、橋梁的圖例等，大多具備了後世地圖的標準，反映出當時已經有規範性的統一製圖法則，充分展示出領先世界的文明風采。

五、神奇與平凡

數字誕生，數學發展

　　一、二、三、四……這些在今天看來再普通不過的數字，在遠古時代卻絕不平凡，而且還帶著些神祕的色彩。

　　從若干具體事物到抽象數字的建立，人們需具有歸納、抽象思維的能力，有些民族到了現代也未發展出數字，然中國的先民在文明之初就展現出了特有的靈敏感。他們不僅確立起了十進位制，且有完整的數字與位值文字，讓記數與計算都變得十分清晰、便捷。這在殷代的甲骨文中就能夠看到。（請見本書的甲骨文圖）

　　大約在西周晚期與春秋之交，中國的先民們又發明了算籌。這是用竹、木、骨等材料製成的長短粗細一致的小棍，它以豎式或橫式排列來進行演算，稱為「籌算」。用算籌排出一個多位數，不需要形諸文字位值，數字本身所在的位置就能直接表示出它的位值。這是個重大的突破，它與現代通用的印度阿拉伯記數法完全一致，但中國在兩千多年前就已經使用了，不可謂不先進。

　　算籌的主要功用是進行籌算，籌算比手寫計算更為便捷、高效，古

❶ 甲骨文中的數字（一）

這是甲骨文中一、二、三、四、五、六、七、八、九、十、百、千、萬這十個數字。有了這十三個數字，就可以記十萬以內的任何自然數。

❶ 甲骨文中的數字（二）

這是甲骨文中十、百、千、萬的倍數，通常用合書的方式。有了十、百、千、萬這幾個數字，而它們的倍數又用合書的方式表示，表明商代的記數系統已經有了十進位值制的萌芽。

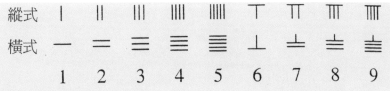

縱式	Ⅰ	Ⅱ	Ⅲ	Ⅲ	Ⅲ	⊤	⊤	⊤	⊤
橫式	―	=	≡	≣	≣	⊥	⊥	⊥	⊥
	1	2	3	4	5	6	7	8	9

❶算籌記數示意圖

這是中國古代算籌記數的示意圖。算籌記數包括縱式和橫式兩種不同的擺法：個位數用縱式表示，十位數用橫式表示，百位再用縱式，千位再用橫式，萬位再用縱式……這樣從右到左，縱橫相間，以此類推，就可以用算籌表示出任意大的自然數了。遇到數目中某一位為零時，就在這一位上空著，不放算籌。顯然，這種算籌記數法和現代通行的十進位制記數法是完全一致的。

代中國在計算上能獲得遙遙領先於世界的成就，與籌算的發明與使用是密不可分的。

到西周時期，四則運算便已完備。到戰國時，分數的運算也已完備。在天文曆算與實際的田畝計算中，兩種運算方式都發揮重要作用。

在代數學發展的同時，幾何學也有所發展。相傳在大禹治水時，所用的測量工具已包含了「規矩」與「準繩」。三代時期大量的城市、宮殿、車輛、銅器，都證明當時確實發展出幾何作圖的工具，否則無法製作出規整的方、圓體。在《左傳》中，還記載了春秋時期楚國與晉國築城時要進行材料與人工的計算，這其中就包含了代數與幾何知識的綜合運用。

中國現存最早的一部數學著作——《周髀算經》，最終的成書時間約在漢代初年（西元前一世紀左右），而其中的許多內容都是取自先秦時期。特別像著名的勾股定理，就很可能是先秦時期的成果。在中國早期最重要的數學著作《九章算術》中，也有許多內容是先秦時期的產物。

● 中國古代的象牙算籌

這是中國古代用象牙製成的算籌。

❶漢武梁祠石室上雕刻的規矩圖
圖上左邊的人手中拿著畫圓的工具——規，右邊的人拿著畫直線和直角的工具——矩。

　　從西周時期起，數學被國家定為「士」必須學習的「六藝」（六大技藝）之一，在政策上保證了數學教育的穩定性，而且在整個先秦時期都大致延續了這一做法。數學能夠在中國成為四大支柱科學之一，與先秦時期紮實的數學教育密不可分。

【知識百科】

世界古文明記數系統的進制法

　　不是所有的民族都採用十進位法。在那些早期文明的民族中：古巴比倫人用的是六十進位制，南美馬雅人用的是二十進位制，古羅馬人雖然有十進位制，卻同時又有五進位制，無疑的，這樣的計算方式會造成些許的不便。在古埃及與古希臘，雖然用的是十進位制，卻無專用的數字文字或表示數值的文字。古埃及人是用一個弓形、繩索、蓮花來分別表示十、百、千的位值，古希臘人則用二十四個希臘字母與三個腓尼基字母來表示數字。毫無疑問的，他們的實際運用也十分不便。

六、分道揚鑣的醫與巫

古代中醫體系的基礎

醫學是人類唯一以自身健康為主要研究對象的科學。

人類在與自然界抗爭的同時，也免不了要與自身的傷病死亡相搏。考古發掘發現，原始人類的壽命很短，大多在年輕時就夭折了。人類要為消除傷病、延長生命而奮鬥，也就是很自然的事了。

我們的先民在用火、熟食、穿衣之後，又學會了挑選自然物（植物、礦物、動物）製成藥品，並逐漸發明了針砭技術，最終形成了古代中國獨特的醫藥科學。

然而，古代時期的醫學總是與巫術相交融，兩者往往是合而為一的，巫師等同於現代的醫師身分，這在原始社會是很自然的現象。但是，科學與宗教在本質上終究是不同屬性，醫學與巫術的分道揚鑣也必然是遲早要發生的事。

古代中國的巫、醫分離，約啟始於奴隸社會與封建社會交替之際，這種分離到西周時期已相當成功。在西周的王室御醫中，已不見「巫」的位子了。戰國時期成書的《周禮·天官》，列有醫師（最高醫官）、疾醫（內科醫師）、瘍醫（外科醫師）、食醫（營養師）及獸醫，不僅沒有了巫師，而且醫師們已形成了初步的分工。由此可知，到戰國時期，醫與巫的分離已大致完成。當然，要徹底地分離，還有一段遙遠的路要走。

從原始時期到戰國時期，古代中國的醫藥科學從無到有，從微到著，最終奠定了整個古代中醫體系的基礎。

▍中醫藥學技術

醫藥學技術，是從對疾病的認識起步的。

在甲骨文中，當時人們所認識的疾病幾乎遍及現代的各科，但還未

競技中國

出現具體的病名。而到戰國時期成書的《山海經》中，許多冷癖的疾病也都有了名稱，如瘕疾、瘿、痺、瘑、疫疾等。

在治療手段上，則是逐漸形成了兩大類：

一類是藥物治療，這是產生最早、運用最多的治療方式。相傳中藥是神農嘗百草發現的，雖然這只是傳說，卻如實地反映出了藥物的發現與食物嘗試之間的關係。

中藥以草本植物為主，也有少量的木本植物果實與枝葉、動物的某些部分、某些礦物等構成。早期中藥的使用是以湯劑為主，少數外敷。商代的《尚書‧說命》一篇曾記載了「若藥弗瞑眩，厥疾弗瘳」，表明當時對服藥後的病人反應與疾病治療效果的關係，開始有了認識。

長沙馬王堆三號漢墓中曾出土一份《五十二病方》帛書，共記有五十二類、一百零三種疾病的治療藥方約三百個，所有藥物達兩百四十七種，近一百種見於漢代的《神農本草經》。這部著作，專家們公認應可能出自戰國時期。

另一類是針灸與外科治療，這裡特別值得一提的是針灸，這是中國所獨有的。後世成熟的針灸，起源於原始的砭石。一九六三年在內蒙古多倫縣道窪新石器遺址中曾出土一枚石製砭針，一端為刃，一端為針，既可以切膚，又可以針刺。一九七八年在內蒙古達拉特旗又發現一枚青銅砭

針，形制與上述石針相同，這是從砭石向針過渡的中間形態。至戰國時期，針刺技術與理論皆已臻成熟。春秋時期的名醫扁鵲就是針砭技術的高手。在漢代的畫像石中，扁鵲針砭是一項十分流行的畫題。

長沙馬王堆三號漢墓出土的《足臂十一脈灸經》、《陰陽十一脈灸經》，就是戰國時期針灸所專用的經脈著作。針灸技術只有在經脈理論上得到配合以後，才算真正趨向成熟。

■中醫藥學理論

古代中國任何一門自然科學的理論，都是整體哲學理論具體化的一環，中醫藥學也不例外。

古代中國的哲學以氣為宇宙萬物的本原，醫學上也以人為「氣之聚」，「聚則為生，散則為死」（《莊子‧知北遊》）。氣亦稱精氣或精，用在人身上較多。

氣分「陰」、「陽」，陰、陽既相對立，又相互融合；它們之間的消長變化是事物變化的動力，決定了事物特性的變化。陰陽的平衡協調，是中醫學上健康的標誌；而任何疾病，都是陰陽失衡不調。

五行，原本是「六府」與「五材」說，指世界萬物中最基本的物質。戰國時期的子思、孟子學派與鄒衍卻把五行的內涵推衍到人類生活與自身的所有領域，同時又在五行的相生相剋上大作文章。醫學也連帶深受影響，不僅有眾所周知的五臟，還有五體、五志、五液、五色、五味等，都是具體的推衍。

天人對應，是古代人們又一項重要的思想，對中醫學的影響較大。漢代以後，天人對應發展為天人合一，對中醫學的影響更是顯著。這種影響，雖有少許的合理成分，但更多的是負面作用。

上述種種的思想影響與具體的醫學相結合，在戰國晚期結合誕生出了一部傑出的中醫理論著作——《黃帝內經》。

《黃帝內經》（簡稱《內經》）的最終成書可能在漢代，但它的絕大

部分內容是戰國時期的作品，漢代人將它們匯合成一書。這就像《大戴禮記》和《小戴禮記》，雖然最終成書是在漢代，但內容基本上都是先秦的。

《內經》包括《素問》與《靈樞》兩部分，共十八卷一百六十二篇。《內經》的內容極其豐富，從基本理論到具體的生理解剖、結構、病理、病因、診斷、治療、針灸、經絡、保健等，都有精闢的論述。而最為精髓的，就是基本理論部分。

《內經》對古代醫學的基本理論做了總結性的歸納，對於生命與氣、臟腑經絡、陰陽學說與生理、諸病機理等，都有精闢的理論闡述。

所有這些理論闡述，開闢並奠定了中醫學的基本理論，成為兩千多年來中醫學的「經典」理論。後世的中醫學理論，雖然有許多的發展，但基本的仍然是《內經》所闡述的那一套。所以，《內經》等同於中國古代中醫學理論的開山鼻祖、萬世之典。古代中醫學的整個體系架構，自此正式誕生了！

◐ 《黃帝內經》書影

這是中國古代醫學理論的奠基性巨著——《黃帝內經》。它以論述人體、生理、病因、論斷等基礎理論為重點，兼論針灸、經絡、衛生保健等多方面的內容。其中一些基本觀點，如陰陽平衡、整體聯繫等思想，直到今天仍在中醫臨床方面具有重大的指導意義。

七、「材美、器利、工巧」的《考工記》

技術史的標誌與旗幟

古代的手工業，雖在整個社會所占的比重並不大，但產生的效益極大。

手工業是一門需要生產者特別心靈手巧的產業，它對科學技術的需求特別高。中國人發揮勤勞和智慧，從原始時期到戰國時期，向世界展示出高超精湛的技藝，奠定了這不凡的產業，《考工記》就是它的標誌！

《考工記》原是戰國時期一部獨立的手工藝技術專著，漢代因為《周禮》缺了《冬官》部分，就把《考工記》頂作了《冬官》。

《考工記》是對整個先秦時期手工業生產技術的匯集，也是未來手工業生產的指導範本，對手工業產生了一定的推進作用！

《考工記》是對以往生產技術的總結，並非簡單的記述，它融入了科學理論的成分，進行了科學的分析，使許多經驗提升到理論的階段。這也正是《考工記》的寶貴之處，標誌著手工業生產在這一時期走向成熟。

《考工記》全書雖僅七千餘字，但記載的範圍甚廣，涉及當時的冶金、量器、兵器、工具、皮革、樂器、染織、玉器、陶瓷、車輛、建築等技術領域。從工種來看，有「攻木之工七，攻金之工六，攻皮之工五，設色之工五，刮摩之工五，摶埴之工二」，由此可見，當時分工已經相當精細。

本書前面對銅、鐵的冶鑄已有介紹，以下就其他手工業生產略作介紹。

■車輛

中國古代車輛相傳是黃帝時代創製的，現在能見到的考古發掘車

車馬坑（摹繪）
這是商代貴族大墓旁的車馬坑（摹繪）。商代的車為單轅、
雙輪，當時對輪和軸的認識、應用及製作技術已較成熟。

輛遺跡最早溯自商代，但商代的車
輛已算是較為成熟的，因此可推測
其產生的時間大概更早些。《考工
記》記載的車輛製造技術，正是許
久以來車輛製造技術的總結。

《考工記》將一輛車分為四個
主要部分，車輪、車蓋、車輿（箱）、
車轅（及車軸），由四類工匠分別
製作，反映出當時分工的精細與生產的成熟性。在這四部分中，車輪與
車轅（及車軸）是最主要的兩部分。《考工記》對這兩部分的製造技術
記載得相當詳細，特別是將一些技術的要點闡述得十分明確，體現出了
當時製造技術的高超精良。

▌建築

先民們從森林、山洞中走出後，為了自己的生活安寧，開始建造棲
身之處，房屋從此出現。目前所能知道最早的房屋，是北方仰韶文化遺
址中的半地下式房屋與南方河姆渡文化中的干欄式房屋。約在夏代，開
始出現較大型的宮殿建築。西周時期的宮殿建築，不僅規模更大（如陝

河姆渡遺址

50分

CHINA
中国邮政

1996—10　　　　　干栏建筑　　　　　(4—2) T

西扶風召陳村西周晚期大型建築群遺址），而且出現了瓦的使用。到春秋戰國時期，已具備了後世宮殿建築的基本格局與要素。

城市出現在中國原始社會晚期的龍山文化時期。封建制國家出現以後，城市開始大量冒出。到春秋戰國時期，更是如同星羅棋布一般。

由於戰爭的原因，一些諸侯國開始修築長城，為後來秦王朝修築萬里長城作了創造性的示範。

《考工記》誕生離不開這些建築成就，雖然書中未詳細記載具體的建築技術（至多只有一些勘測定位技術），但它所記載的城市與宮室布局，仍是後世的標範。特別是關於王城的布局——棋盤式與中軸式的格局從此成為歷代王城的千古準則。

▌兵器

在傳說中，兵器是那位斗膽與黃帝爭奪天下的蚩尤發明的。其實，戰爭與兵器都更早之前就已經產生了，弓箭的產生當然更早。

《考工記》記載的兵器有兩類：一類是近距離格鬥兵器，如戈、劍；一類是較遠距離的射殺兵器，即弓箭。這兩者，實則都是車戰所用的兵器。相比之下，弓箭（主要是弓）的製造技術較為複雜一些。《考工記》對弓的製造記載得極為詳細，從弓幹到弓弦的材料、製作工藝、技術要點、具體尺寸、鬃漆、使用等，極為詳備。如果沒有《考工記》的記載，後人是怎麼也想不到會複雜到這樣的程度。

▌染織

古代中國的紡織技術卓有名聲，早在七千年前的河姆渡文化中，就有了原始的踞織機。到商代又出現了多綜片的提花機，能夠織出複雜而

● 銅弩機

這是戰國時期的銅弩機。弩機和強有力的小型弓組成弓弩。弩機分為郭、牙、望山和懸刀四部分。其中牙鉤住弓弦，望山用來瞄準，懸刀則是板機。弩機依靠弓的彈力，有力而準確地發射箭支，是當時戰爭中的一種重要兵器。

陶紡輪

這是新石器時代的陶紡輪，陝西西安半坡村出土。紡輪是紡墜的主要部件。紡墜是利用其本身的自重和慣性，作連續旋轉而工作的紡線工具，可以加撚麻、絲、毛各種原料，又可以紡粗細不同的紗。

高級的織物。西方的提花技術，是漢代以後由中國傳入的。

紡織的發展，促進了印染的發展。當時的染料有兩大類：一類是礦物染料；一類是植物染料。

礦物染料的染法有兩種：一種是浸染；另一種是畫繢（即《考工記》所記載的）。

植物染料的染法以浸染為主，但有些植物必須用媒染劑才能有效。媒染劑的發現與使用，是化工技術與印染技術的一大突破，是古代中國又一項重要的成就。

《考工記》所載染織的內容較少，但像涑絲、畫繢、染羽的技術，依然極有價值，是不見於它處的獨家文獻。

陶紡輪使用示意圖

▌陶瓷

陶器是原始時期人類的一大發明創造，有著萬年以上的悠久歷史。

陶器的革命性變化出現在原始社會的晚期與夏代，這時出現了一種以高嶺土為原料的陶器，它的燒成溫度已經達到攝氏一千度以上，燒成後的陶器呈白色，質地細密堅硬，明顯地超過了一般的陶器。白陶的出現，表明了瓷器的產生只是時間問題了！

渦紋彩陶罐

這是新石器時代的渦紋彩陶罐，泥質紅陶。圖案為黑褐色水波紋與流水渦紋。

這時期還產生了釉陶，即在陶器表面施釉技術。

在這兩個技術突破以後，商周之際終於產生了最早的原始瓷器——青釉器。它以高嶺土為胎，燒成溫度達到攝氏一千一百度到一千兩百度以上，表面施以釉質，器體的吸水性極小，各項資料已經與瓷器基本近同。到了春秋戰國時期，青釉器品質有了提高，與成熟的瓷器更為接近。與此同時，在西周中期的一些墓葬中，還出土了最早的原始玻璃——鉛鋇玻璃。

《考工記》記載了陶瓦與陶甗的具體形制、尺寸，但沒有記載具體的製作技術，是至為遺憾的。

🔴**繩紋白陶鬶**

這是新石器時代晚期的繩紋白陶鬶。白陶是指表裡和胎質都呈白色的一種陶器，其胎質的化學成分接近瓷土及高嶺土的成分。中國是世界上最早使用高嶺土燒製陶器的國家。

🔴**陶魚鳥紋細頸壺**

這是新石器時代的魚鳥紋細頸壺，泥質紅陶，圖案為一水鳥叼著一條魚。1958年陝西寶雞北首嶺出土。

🔴**轉輪法製陶示意圖**

轉輪法是新石器時代的製陶方法之一。將泥料放在陶輪上，憑藉陶輪快速旋轉的特點，用提拉的方式使泥料成形。用這種方法製造出來的產品器形規整，厚薄均勻。

▌樂器

《考工記》記載的樂器有磬、鐘、鼓三件，磬是玉質或石質的，鐘是青銅的，鼓是木質蒙以獸皮的，很有代表性。

樂器的製造離不開製作工藝，更重要的是必須符合聲學上的固定要求。就古代的技術而言，要一次達到要求的音準是不可能的，於是就有一個修正的技術（主要是磬與鐘）。

《考工記》正確地闡述了樂器的形制、厚薄與音律高低舒疾的關係。明瞭這一點就能得心應手地修正已製成樂器的音準。這樣的技術水準，不由人不為之讚嘆！

▌釀酒

《考工記》雖然沒有記載釀酒的技術，但戰國時期的《禮記‧月令》中曾總結了中國製酒的六大要訣，即「秫稻必齊，麴糵必時，湛熾必潔，水泉必香，陶器必良，火齊必得」，可謂是奠定了古代中國製酒技術的基礎。

在人類的歷史上，酒只是一種飲物，但從科學的角度來看，卻有其獨特的價值。

酒的釀造，是人類首次成功地運用微生物的範例。

人類最悠久的造酒方法有兩種：一種是起源於埃及與歐洲的啤酒法；另一種就是創始於中國的製麴釀酒法。

中國獨創的製麴釀酒法，先要用穀物製成麴種，再以麴種釀酒。製麴釀酒，能夠使穀類的糖化與酒化同時完成，使用範圍廣（啤酒法釀酒只能用大麥為原料，而中國的製麴釀酒幾乎可以用所有的穀物）。

最早的製麴釀酒出現在原始社會晚期，商周時期已經相當發達。考古發掘曾多次發現這種數千年以前所製的酒，而大多至今仍沒有變質，可見當時酒的品質是相當高的。

八、士的衝擊

科學思想百家爭鳴

風雲激蕩的春秋時期，崛起了一支了不起的政治力量——士。

士，在今天就是知識分子。

整個春秋戰國的五百年間，士造成的衝擊形成了一道特別壯觀的風景線。百家爭鳴，成為中國歷史上空前的文化浪潮。

從本質上看，春秋戰國時期的百家爭鳴，完全可以與歐洲的文藝復興運動相媲美。

這時期的百家爭鳴，同樣波及到了科學技術領域。

做為知識階層的士，雖然直接從事科技事業的極少，但他們有著廣博的學識，深邃的洞察力與思辨力，因此他們往往能入木三分地深入到科學技術的本質上，建立起獨特的理論思想。

正是這科學思想的理論大潮，不僅豐富了先秦時期整個科學技術的寶庫，更是中國早期科學技術體系奠定的標誌！

▌儒家科學思想

在大多數人的眼中，儒家從他們的老祖宗孔子開始，就是一群四體不勤、五穀不分的愚夫子，他們與科學技術不僅毫不相關，而且還是一群頑固的反對者。

但事實並不完全如此。

儒家確實鄙視大多的科學技術，把許多發明創造視為「奇器淫巧」，但他們並不反對天文、地理、數學、農學、醫學等，早期儒家還將天文、數學等列

孔子像

孔子（西元前551—前479年），名丘，字仲尼，春秋末期的思想家、政治家、教育家、儒家學派的創始人。他推崇「知之為知之，不知為不知」的實事求是的科學態度，宣導舉一反三、聞一知十的科學思想方法，這些都對後世科學家的科學研究活動產生了積極的影響。

競技中國

●孔子晚而喜易圖

《周易》一書是中國上古時期的一部百科全書，其中包含有許多古代
人民在生產和生活中總結出來的科學技術知識。孔子晚年對《周易》
非常喜歡，圖為他正在刻苦研讀。

入自己的教
學內容中。

　　對科學
技術的一些
基本理論，
儒家不僅予
以重視，而
且也有精闢
的論述傳
世。

　　荀子是
戰國時期儒
家的一位傑
出人物，他
有許多不同
於其他儒家
人物的獨到
見解。例如，

他截然否定了天的宗教意味，認為天地萬物只是「氣」的演化產物，天
也同樣是有規律可尋的，可制而用之的。在荀子看來，科學的力量是遠
勝於一切的。

　　另外，像曾子對「蓋天說」缺陷的質疑（見《大戴禮記‧天圓》）、孟
子對環境保護的論述（見《孟子‧梁惠王上》、《離婁上》等），都在科學
史上留下了光輝的足跡。即使是孔老夫子，也曾總結過「工欲善其事，必
先利其器」這樣的科學生產規律。可見對於儒家的科學技術觀必須作仔
細的甄別，不能籠統而言。

▌道家科學思想

　　道家是先秦時期的「顯學」（著名學派），在當時與後世都有著很大的影響。在與科學技術相關方面，道家的一些理論頗具特色。

　　一、有無相生，終始無窮的理論。道家認為：道是無生無死、永恆不變的，除此以外，其他一切事物都處於生死的演變之中，沒有終結。《莊子・至樂》中曾闡述了幾微之物衍生為繼、鶃蟦之衣、陵舄、陵舄又生為烏足，烏足之根為蠐螬，葉為胡蝶，胡蝶又化為鴝掇，鴝掇千日後由蟲變為鳥，它的沫為斯彌，變為食醯。食醯生頤輅，九猷生黃軦，腐蠸生瞀芮，不旬生羊奚，久竹生青寧，青寧生程，程生馬，馬生人，人又反入幾微。整段的論述雖然幾乎沒有什麼是合於實際的，但它的思想卻十分令人注目，李約瑟曾稱讚為「非常接近進化論的論述」。

　　二、順乎自然，清靜寡欲的思想。道家「無為」的思想人所共知，這種思想在大多的情況下被認為是過於消極，但在養生學方面別有一番天地。道教認為，生命的保全十分的不易，只有順乎自然的無為清靜，才能實現。這種無為，還必須不貪不侈，清心去欲。在這樣的思想指導下，形成了道家獨特的功法，主要有抱一、玄同、坐忘、心齋等等，以坐忘的影響最大。

　　三、「道生論」的宇宙起源學說。這一學說出於《老子》，原文極其簡略：「道生一，一生二，二生

壹　貳　參　肆　伍　陸

道字帖平

●老子像

老子姓李名耳，字伯陽，春秋末期的思想家、道家學派的創始人。道家思想的核心是「道」，主張「道法自然」，回歸自然，探索自然，在宇宙觀、辯證法、醫藥學、植物學、動物學、養生學以及煉丹化學等方面都有重要的貢獻。英國科學史家李約瑟曾在他的《中國科學技術史》第二卷中讚譽說：「道家思想乃是中國的科學和技術的根本。」

三，三生萬物。」根據前人的研究，一是指氣，二是指陰陽，三是指陰陽兩氣相沖（交）所產生的「和」氣（也有人認為是陰陽兩氣相交而產生的天、地、人三者）。這一學說在學術界（包括天文學界）與整個社會上的影響極大，直到後來被「氣生論」所替代，但「氣生論」也是受此說的啟迪而產生的。

墨子像

墨子（約西元前468—前376年），名翟，戰國時期的思想家、政治家、墨家學派的創始人。墨家學派對科學技術多有創新，在力學、光學、數學等方面都有許多重要的貢獻。現存《墨子》一書，是中國科技史上的一部重要典籍。

▌墨家科學思想

在科學史上，墨家是建樹最多、影響最大的學派。

墨家常年與平民、工匠為伍，並親操其業，學派中本就有許多人兼為精工良匠，因此，他們能夠獲得諸多的科學理論成就。

墨家在科學理論上的建樹極其豐富，涉及範圍廣，開掘度深，立論創見多，是中國科學史上罕見的能獲得重要成果的哲學派別。

墨家主張觀察、實踐的研究方法，然後再進行理性的思考。

在宇宙觀上，主張統一性與多樣性、同一性與差別性融合的整體觀念。在時空觀上，提出了時空無限的驚人之說，建立起了時空的四度觀念。在數學上，對於「量」的概念，對於各種幾何要素，都有精深的理論探索。

在光學上，對於光影的變化、小孔成像、凸面鏡、凹面鏡、平面鏡這三鏡的成像，都有精闢而獨到的分析。

在力學上，對力的概念、力的平衡、靜力、壓力、彈力、拉力、引力以及槓

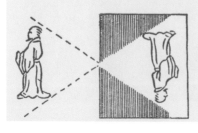

◀ 「小孔成像」示意圖

這是墨家關於「小孔成像」的示意圖。直線行進的光線在小孔處交叉，穿過小孔上者為下，下者為上，結果在螢幕形成一個倒置的物像。墨家透過這一實驗，明確地表達了光的直線傳播的思想。

桿、滑輪、斜面、輪子、劈等簡單機械都有初步的理論闡述。

在物質結構上，提出了「端」這一近似於原子的觀念。

由上可知，墨家在理論上所體現出來的建樹，都足以使現代的科學家們為之喝采、讚嘆。這是整個中華民族的驕傲與自豪，更是中華民族高度智慧與思辨能力的突出顯示。

▌名家科學思想

戰國時期的名家是一個很小的學派，但卻十分的有聲望，這是因為他們慣於推出一些常人所難以想像的命題。

現在尚存的這些命題，有惠施的「歷物十事」（載《莊子·天下篇》）、公孫龍子所著的《公孫龍子》，以及其他名家學者的命題三十三條（收於《莊子·天下篇》、《荀子·不苟篇》、《孔叢子·公孫龍篇》等）。

在這些命題中，大多與科學技術有著直接或間接的關係，如惠施「歷物十事」中提出的「至大無外，謂之大一；至小無內，謂之小一」、「無厚不可積也，其大千里」、「天與地卑、山與澤平」、「南方無窮而有窮」；公孫龍的「白馬非馬」、「離堅白」；其他名家學者的「卵有毛」、「雞三足」、「犬可以為羊」、「火不熱」、「矩不方，規不可以為圓」、「飛鳥之景未嘗動也」、「一尺之捶，日取其半，萬世不竭」等等。

名家的這些命題，表面上匪夷所思，在深層中卻隱藏著某種合理的內核。名家實際上是一群邏輯思辨家，雖然他們也玩弄一些邏輯上的把戲，但他們對於事物的共

● 管子像

這是山東臨淄博物館內的管子塑像。管子名夷吾，字仲，春秋初期的政治家、思想家、法家學派的先驅者。現存的《管子》一書保存了管仲的許多思想材料，是戰國時期法家的代表著作之一。其中對天文曆法、地理地圖以及生物、生態、聲學和數學等科學領域均有廣泛的涉及。

性與個性、統一性與多樣性、普遍規律與特殊規律等等的區分與感覺分析，對科學技術的認識有著重要的意義，是中國古代科學思想史上的一朵奇葩！

　　名家與他們的這些命題，再次顯示出了古代中華民族的高度智慧與思辨能力是何等的超群出眾。特別是在兩千多年以前，足以使整個世界為之驚嘆不已！

▌法家科學思想

　　法家有著特別強烈的實用感，他們重視科學技術也是如此。

　　法家中的管子學派對科學技術格外青睞，在《管子》一書中，上至天文，下至地理，廣至宇宙，微至萬物，都有涉獵。

　　《管子‧幼官》中記載了一種全年三十個節氣的曆法，在現代學者中引起了特別的注目；《管子》對土地似乎有一種特別的情緣，它的《地圖》、《水地》、《度地》、《地員》、《地數》提出了一系列精闢的見解，同時還延伸到了農業、生物學領域，甚至在聲學、數學等方面也有建樹。

　　管子學派對中國古代科學技術理論的貢獻是極其出色的，這既是法家學派的榮耀，更是古代中國的榮耀。

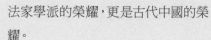

●韓非子像

韓非（約西元前280－前233年）是戰國末期法家的集大成者。他曾提出，一個科學理論的確立，必須「揆之以地，謀之以天，驗之以物，參之以。四徵者符，乃可以觀矣」。即要求廣泛地從天、地、人、物等各個方面去獲取事實材料，然後對其進行比較，參考、分析與綜合，使理論與實際相符合。這個思想，是對早期科學方法的一個精煉的概括。

▋兵家科學思想

兵家為戰爭的實際需要而對氣候、地形、地物、地圖、各種兵器與資訊手段予以格外的重視,與科學技術關係相當密切。只是兵家更重視實際的運用,在理論的研究上略為遜色,因此創見無多。兵家對實際運用的重視,有益於科學技術的發展,是科學技術發展的促進因素之一。

▋陰陽家科學思想

陰陽家在戰國時期的各家各派中是一個獨具特色的學派,這個特色就是以氣、陰陽、五行學說與宗教相融合,成為一個少有的宗教學術派別。

這個學派的創始人是著名學者鄒衍,內部又有方仙、月令、五運、兵陰陽、數術等分支派系,除了五運派以外,其他各支系都與科學技術關係密切。

方仙道就是後世道教的前身,他們以長生不死為最高宗旨,因此在不死藥的尋訪與研製上下了極大的工夫。雖然這只是一種虛幻的追求,卻在有意無意之間發展了醫藥學、養生學。

月令派專主時令節氣的變化與五行、禁忌等關係,是後世皇曆製作的先祖。雖然他們的重點是在宗教內容上,但對於時令節氣畢竟還是有所研究的,特別是對農業生產「不違農時」還是有作用的。

兵陰陽家將戰爭的勝負繫於宗教的因素之上,固然只是一種迷信,但他們因此對天象氣候的觀察,對地形、地況的探索,同樣有著科學的價值。馬王堆漢墓中出土的帛書《天文氣象雜占》有彗星圖二十九幀,成為世界上最早的彗星圖。

數術派就更為龐雜,對天文、曆譜、五行、刑法都有分派,天文上的成果更多些,而且學術水準相當高。馬王堆漢墓出土的帛書《五星占》,所提出的木、金、土三星的會合周期與恆星週期甚至在精確度上有超過

此後所出的《淮南子》、《史記》等書的地方。

鄒衍本人提出的宇宙觀、五行終始說、「大九州」說，在古代中國影響巨大，而在科學技術領域也同樣如此。

有趣的是，陰陽家雖然宗教意味濃厚，但他們的學說傳入科學技術領域後，並沒有對科學技術領域輸入多少宗教內容，沒有造成多大的宗教影響。這其中的緣由很值得後人去細細品味！

▍雜家科學思想

雜家又是一個奇特的派別，他們不以獨家之言而行世，而是以綜合各家各派來形成一個企圖包羅萬象的龐大體系。

雜家在戰國時代的代表性著作是《呂氏春秋》，也可以說是《呂氏春秋》開創了雜家這個派別。

雜家在學術界（包括科學技術界）的最大貢獻，在於他們保存了諸多學派的成就。特別是許多學派的成果在歷史的風雲變遷中逐漸佚失之後，雜家保存文獻的功績更是居功至偉、德行無量。

後人見到的《呂氏春秋》，果然是記載豐富，內容廣博，而其中的許多部分也確實原著早已失傳（有的可能連原著也沒有），這就是他們的功績。

《呂氏春秋》所涉及的科學技術，幾乎是無所不至，絕大多數可說是獨家記載，因此，它的價值也就格外的不菲。

春秋戰國時期的百家爭鳴，使古代中國的科學技術在理論上得到了有系統的、全面的昇華，使得一般的、具體的技術上升為科學形態。

在古代中國科學技術體系的奠定上，做為知識階層的士作出了特殊的重大貢獻，後世的人們將永遠銘記他們的功績！

帝國一統下的體系形成
（秦漢時期）

　　西元前二二一年，古代中國翻開了歷史新的一頁。經歷了五百年諸侯割據、戰爭分裂的中國，終於統一了起來，第一個中央集權的帝國——秦朝——誕生了。

　　秦朝是一個極端強權酷政的國家，這樣的王朝注定命短。果然，僅僅只有十五年，秦王朝就被洶湧的起兵浪潮淹沒了。

　　在隨後西漢到東漢這四百多年中，科學技術以西漢武帝、昭帝、宣帝時期與東漢以張衡為核心的兩次高潮性發展，形成了古代中國科學技術體系。這是中國科技史上舉足輕重的大事！中國的科學技術已顯露出超越世界之最的強勁趨勢，東方的科學巨人開始傲視群雄。

一、鐵器時代的奠定

大展宏圖的新天地

　　蘊含著巨大之力的鐵器，在春秋戰國時期初露鋒芒，顯示出了不可阻擋的發展趨勢。這個趨勢在新來臨的秦漢時期顯得更為強勁，最終迎來了一個全新的時代——鐵器時代。這個時代的奠定，首先有賴於冶煉設備與工藝的進步。

　　戰國時期出現的豎式煉鐵爐，在這時有了大量的增加。特別是國家專管的冶鐵作坊、豎式爐已經成了最主要的冶煉設備。

　　這時期的豎式爐，容積不斷地增大。河南鄭州古滎鎮的漢代一號高爐，有效容積達到了五十立方公尺左右，高度達到五至六公尺，是名副其實的「高爐」。隨著體積的增大，為保證中心溫度，必須改革爐內構造。爐體大多改為橢圓形，風口開於長軸的兩側；爐膛也加粗、加高；爐腹作喇叭形，下部向外傾斜；風口管斜向插入朝上。

　　最早的鼓風設備是「橐」，這是一種皮製的鼓風器。這種鼓風器，在漢代作了進一步的改進。王振鐸先生曾對山東滕縣宏道院漢畫像石冶鐵圖上的皮橐進行過複製，繪出了復原圖（參見《文物》一九五九年五期王振鐸《漢代冶鐵鼓風機的復原》）。

　　漢代稱這種鼓風器為「排囊」或「排」，有人力的，也有畜力的（如「馬排」、「牛排」），還有水力的「水排」。既然稱為「排」，就會使人不由自主地想到當時很可能已經用多架風器同時鼓風，或是一個冶爐有一排鼓風管。這種種的設想當然都有可能，只是還有待證實。

　　漢代的高爐，不少爐體是用二氧化矽含量較高的耐火磚砌成的，爐襯與爐底則用耐火泥塗敷而成。耐火泥與耐火磚的原料相同，但耐

火泥中摻入了大量的石英石顆粒。耐火泥與耐火磚的耐火溫度最高可達到攝氏一千四百六十度左右，低的也在攝氏一千兩百度左右。

爐體高大之後，對原料的要求隨之提高。漢代的冶鐵作坊，已經有了原料的加工場，主要是將礦石進行粉碎，使原料的顆粒更為均勻。

在一些考古發現的漢代冶鐵爐渣中，發現含有氧化鈣與氧化鎂的成分，表明了在冶煉時曾加入過鹼性熔劑，使礦石原料的熔化性更為良好，還能同時降低硫的含量。

煉鐵設備改進、提高的同時，鋼鐵的新品種產生了出來。

首先是灰口鐵的產生。灰口鐵也是生鐵，但比白口鐵的質地要高多了，更耐磨，有潤滑性。因此，用來製作農具尤為適宜。

漢代又生產出了球墨鑄鐵。球墨鑄鐵是生鐵中的精品，它以內部的石墨呈球狀而得名。它的性能比灰口鐵更佳。世界上的球墨鑄鐵是在一九四〇年代才發展起來的，而中國在兩千年前的漢代已能生產了。據對河南鞏縣鐵生溝出土的一件漢代鐵钁的測定表明，其球墨結構基本上達到了現行國家標準的一類A級品。即使在現代也屬於優質品，要煉成也是很不容易的。在古代冶煉球墨鑄鐵，很可能是用灰口鐵加入鎂、釔或稀土金屬才能使石墨形成球狀。

炒鋼是漢代的一項重要發明。將生鐵在空氣中加熱到攝氏一千兩百度左右，使鐵半熔化，再進行翻炒攪拌，使其中的部分碳得到氧化。如果適時停止，就可以得到中碳鋼或高碳鋼；如果一炒到底，就可以得到低碳的熟鐵。這是一個重大的技術革命，從此，人們能夠較大量地生產出鋼材來。

在戰國時期滲炭鋼的基礎上，漢代發明了百煉鋼。百煉鋼不僅能將鐵「煉」成鋼，而且能將炒鋼「煉」

壹 貳 參 肆 伍 陸

●春秋鐵鋤
這是吉林奈曼旗出土的秦代鐵鋤。

成精鋼。出土的「三十湅」、「五十湅」的精鋼刀劍，都是由炒鋼「煉」成的。

從戰國到西漢初年，煉鐵業是自由發展的。漢武帝開始實行鹽鐵官營，在全國的郡、國（諸侯國）設立四十九處鐵官。當然，實際遠不止這四十九處，但這四十九處無疑是較為主要的。

鐵器生產的大規模發展，使得鐵的價格大幅度下降。西漢初年，鐵的價格只有銅價的四分之一，大約是八文可購一斤鐵。

優良的品質與低廉的價格，刺激了鐵器的迅速推廣。從考古發掘的實際情況來看，在漢武帝以前，兵器是銅、鐵兼有的，銅兵器還沒有被擯棄。而在漢武帝以後，中原地區基本上已不見銅兵器，全都是鐵與鋼的製品，而且往往是最精良的。從農具來看，也是大抵如此。由於鐵器的精良，許多農具有了質的改進，特別是犁（我們將在下一部分中詳細介紹）。

除了兵器、農具、手工業工具這三個最主要的領域外，日常生活用品開始大量湧現，如燈、釜、爐、鎖、剪子、刀子、鑷子、火鉗以及齒輪、車軸等機械零件。這一切都表明了：鐵器在漢代已經成為最主要的使用品，鐵器時代就此而奠定了！

從春秋戰國到兩漢時期，我們的先人們以特有的激情與勤奮，迎來了一個嶄新的鐵器時代，使古代中國從此邁進了又一個能大展宏圖的新天地！

此時，古代中國冶鐵事業的領先，更預示著將會全面地領先整個世界！

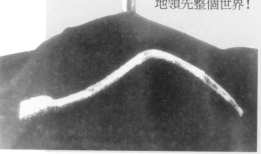

● 東漢大鐮刀

這是四川牧馬場出土的東漢大鐮刀。秦漢之際，冶鐵業已相當發達，農具廣泛採用鐵器，它提高了中國農業的生產力，奠定了君主社會的基礎。

二、農業科技

條件與技術的全面飛躍

從春秋到秦末漢初，延綿四、五百年不斷的分裂與戰爭，使天下的百姓早已疲憊不堪、痛苦難熬。漢初的統治者，在結束了楚漢爭霸之後，立即大力採取恢復政策。而首先所要考慮的，就是把農業放在一切之上，做為頭等大事。到漢武帝時，農業果然有了極大的發展，達到了「富安天下」的作用。

漢代農業的復興，從社會的角度來看，有國家政府的重視，有百姓們的迫切願望與拚命地苦幹，有新興地主階級的經濟雄心，有君主社會的初生上升趨勢等因素。而做為一門具體的產業，根本上來講還是在於它自身的科學技術條件與水準。

漢代是農業科學技術條件與水準全面飛躍的時代！

■牛耕與農具

鐵犁與牛耕，是早已有之的，但真正的發展是在漢代。

據《漢書·食貨志》記載，漢武帝末年曾任命趙過擔任搜粟都尉，向全國推廣他的「二牛三人」犁耕法。

「二牛三人」的犁耕法，據研究，是用二牛挽一犁，三人分別擔任牽牛、按轅與扶犁的工作。但也有學者認為二牛所挽的是鐵腳耬（耕、播一體的農械），所以才要三個人操作。但不管是什麼，這種「二牛三人」的耕法畢竟很不方便，所以也就難免要被淘汰。大約到了西漢晚期，就出現了後世習見的一牛一人的犁耕法。

一牛一人犁耕法的出現，前提的條件是因為有了更為先進的犁具。

●趙過畫像

趙過，漢代農學家，武帝時曾任搜粟都尉。他在全國推廣牛耕，提倡代田法，還創制了播種機械三腳耬車，對當時的農業發展作出了重要的貢獻。

趙過推廣牛耕圖

這是趙過在教民耕植，推廣牛耕。

漢代的犁，在考古發現中已經能見到一百多件，雖然各有形態的不同，但有一個最大的新創造——犁壁——則是共同的。

犁壁的出現是一項了不起的突破。犁壁能夠發揮將犁起的土翻轉的作用，既可以破土碎土，還能將面上的草翻到下面化為綠肥，兼有殺蟲的作用。而歐洲直到近千年後才有犁壁，他們在犁的土地上還要進行人工碎土，費時費力自不待言。

漢代的犁壁，從出土的實物看，已經有了向一側翻土與向兩側翻土的不同方式，形狀有菱形、板瓦形、雙翼形、馬鞍形等，各有所長，各具風采。

除了犁壁以外，犁箭的發明也獨具特色。犁箭的作用，能使犁耕地的深淺控制自如。漢代一架完整的犁具，具有犁轅、犁梢（柄）、犁底（床）、犁箭、犁橫等構件，基本具備了成熟犁具的形態。

三腳耬車，亦稱三腳耬或耬車，是一種播種機械。是漢代農具另一項重要發明，發明者是著名的趙過。在此之前，已經有了一腳的耬車與二腳的耬車。趙過在前人的基礎上，創造了三腳的耬車。

三腳耬車的構造是：下面的三腳實際上就是三個小鐵鏵，是開溝用的，也叫耬腳。每兩腳之間的距離，就是一壟的寬度。耬腳裝在耬架上，耕架

上又裝有樓斗。樓斗分上、下兩格，上大下小。上格可以放種子，下格有調節門，用於勻播種子。整個機械的基本結構，與現代的播種機正相吻合。

樓車在使用時，由一牛牽樓，一人扶樓，邊走邊播。開溝、下種、覆土三道工序同時完成，而且一次能播三行。所播的種子，均勻一致。它是一架效率與品質俱佳的農業機械。

風車，是漢代發明的一種清理穀物的農具。它能將脫粒好的穀物與糠秕分離開，比一般的揚穀遠要效率高得多、品質好得多。這種農具，一直沿用到現代。

其他如犁、钁、鋤、鐮、耙等小農具，也有許多構思精巧的改革。這些改革雖然看上去很小，但對於使用者來說是極為重要的。任何一種有利於省力、高效、提高品質的改革，都是對生產力的促進。

從漢代開始，還有人不斷開發利用水力的農機，如水碓、水磨之類，顯示出人類對自然力利用的進步。

▌代田法與區種法

代田法與區種法，都是漢代發明的耕作方法。

代田法的發明者，又是著名的趙過，可謂是一代卓越的農業科技專家。

代田法是大面積土地上使用的耕作方法，特別適宜於乾旱地區。它是戰國時期輪製作的改進與發展，具體的方法是：

在一塊土地上開溝作壟，先在溝裡播種，等到苗秧長起來以後，在進行中耕、除草的過程中，把壟上的土逐漸推進溝中。等到作物收穫後，再把壟改作溝，原來的溝變作壟。第二年又如此重複進行。北方地區地下水位低、雨水少，作物種在溝中就比種在壟上更有利。而且，不斷地培土，使作物的根系更為深入，同時還能增強抗風、抗倒伏的能力。壟與溝的反覆更替，

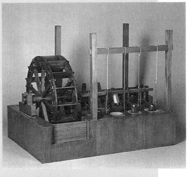

連擊水碓（模型）
這是西漢時出現的糧食加工工具──連擊水碓（模型），主要是用來為穀類去皮。它以水為動力，可帶動四組碓頭同時工作。

壹

貳

參

肆

伍

陸

對於保持地力甚為有效。

據記載，漢武帝時期推行代田法以後，產量普遍提高有三分之一至三分之二。於是，自漢武帝以後，就在北方的更廣大地區加以推廣，使得北方地區的農田大量增加，農業產量大幅上升。

區種法是一種高產之法，相比代田法，它適用的範圍較小，是小面積土地的一種耕作制。具體方法為：在一小塊不究地力的土地上，深耕，密植，集中供應水和肥料，精心耕作，盡可能地獲取最高的產量。但這個方法並不限於乾旱地區，對於普天之下一家一戶的小農經濟都很適宜。因此，實際上它是戰國時期開創的精耕細作作風的一種標杆與示範。

區種法的發明者早已失傳，但記載這個耕作法的書還存在，這就是我們下面將要介紹的《氾勝之書》。

《氾勝之書》

《氾勝之書》的珍貴，在於它是中國也是世界上現存最古老的一部農業技術專著。

中國早期的農學專著理應是較多的，秦始皇焚書坑儒時明令規定農書不在焚書之中，可見當時數量不會很少。但恐怕是因為戰亂的緣故，所以《漢書·藝文志》中著錄的先秦農學專著總共才有可憐兮兮的兩部，實在是太遺憾。

更令人遺憾的是，僅僅這麼幾部著作，卻也都早已佚失。現在所見到的只有後人從《齊民要術》等書中輯錄的《氾勝之書》，還能讓人們稍稍地領略一些當時的風采。

作者氾勝之，是山東曹縣人。據說他的祖上本姓凡，因為秦時躲避戰亂到氾水，就改為氾姓。漢成帝時擔任議郎之職，後升為御史、黃門侍郎。晚年居於敦煌。

氾勝之在擔任議郎之職時，曾對三輔地區（今陝西關中地區）的農

業做過考察與研究，並向當地人提倡種麥。結果獲得了豐收，使得他的名聲大振，引來許多求教者，他也因此政績卓著。本書是他對關中地區考察與研究所得的一些成果，雖然全書只殘存三千餘字，卻仍然可以看到原書的韻味。

從書中可以看到氾勝之的獨特見解，他認為農作物的栽培是一個連貫的、完整的過程，是一個有機的整體，不能放鬆任何一個環節。他認為，農作物種植中的六個要點是：趣時（緊跟時令）、和土（調和地力）、務糞（施肥）、澤（灌水）、早鋤（中耕鋤地）、獲（收穫）。

氾勝之還提出了一系列的具體見解，如：

他第一次提出了麥穀的穗選法：趁天氣尚熱的時候，選擇粒大飽滿的收下，麥稈豎放在位置高而乾燥的地方，曬到極其乾燥以後再脫粒，以麥一石和以乾燥的艾草一把一起藏入瓦器或竹器中。再按時下種，就能獲得豐收。

對於種稻：他認為要適當選擇稻區的大小，掌握水的深度，控制水流速度與水溫等等。

對桑樹的種植，他提出了桑苗截幹法：即將一年桑苗貼地割去。次年，根發新條，會長得更為茁壯。

他還提出了很獨特的溲種法：將獸骨的骨汁、繅蛹汁、蠶糞、獸類、附子、水或雪汁按一定比例調成稠粥狀，用來拌和種子再下種。經過這樣處理的種子，防蟲、抗旱、保肥的性能大為提高。

他還提出了一套保澤（即保墒）的方法，即要視雪情、雨情、旱情、季節時令、土地結構等不同情況，採取「藺」（鎮壓）、「掩」（蓋壓）、「平摩」（摩平）等不同的手段。

● 氾勝之畫像

氾勝之，漢代農學家。曾在三輔地區（今陝西關中地區）提倡種麥，獲得豐收。所著《氾勝之書》，是中國農學史上的一部重要典籍。書中記載的區田法、溲種法等，反映了當時農業生產技術的先進水準。

另外還有種植蔬果方面的創見，留待下文中介紹。

如此諸多的見解，頗能反映出這位學者確實有真知灼見，《氾勝之書》確實表現了漢代的農業科學技術水準。唯一可惜的是，現在能見到的漢代農學著作僅此一部。

■ 其他農牧技術

在傳統的農業中，蔬果園藝似乎不為人所重，然而這其中的科學技術含量頗高，理應受到重視。

秦漢時期的蔬果園藝，曾有出色的成就。

在《氾勝之書》中，第一次記載了套種法：在瓜田中套種薤或小豆（以豆葉作蔬菜）。從此，套種法開始在中國的大田中流行起來。《氾勝之書》中又記載了用十根葫蘆蔓連接起來，只結三個葫蘆，以求能結出三個特大的葫蘆來。雖然實際上並不能如願，但卻使人們第一次知道了嫁接這個技術。

菌類植物的營養豐富，功用特佳，除了少數靈芝、茯苓做為醫物外，其他大多可以做為菜蔬食用。最早進行食用菌人工栽培的，就是中國漢代的先民們。

據王充《論衡・初稟》的記載，明確記錄了紫芝的栽培如同「豆」一樣，同時，記錄了用埋木法培育食用菌的方法。這是世界上最早的食用菌栽培紀錄。

秦漢時期還有一項技驚環宇的果蔬培育技術創新，那就是發明了加溫反季節培育方法，創建了世界上最早的溫室。相傳秦始皇當政時，就在驪山利用溫泉在冬季培育出夏季才有的瓜果。發展到漢代，正式出現了溫室。據《漢書・循吏傳》、《鹽鐵論・散不足》等記載，西元前一世紀初漢昭帝時，在太官園中建立了「覆以屋廡」的溫室，在冬日裡日夜燃炭火加溫，終於在大冬天裡培育出清翠欲滴的時鮮冬葵與溫韭。相比而

言，西方建立溫室是在十九世紀中葉，而這已晚於中國將近兩千年了。

　　由於數百年連綿不絕的戰爭，有一種家畜特別受到人類的青睞與重用，那就是馬匹。

　　秦王朝建立後，在邊郡一些地方設立了牧師苑，也就是國家的牧場，從此開創了國家大規模牧養馬匹的先例。

　　到漢景帝時，西北邊地的國家牧場已經達到三十六處，養馬三十萬匹。此後，還在西南地區的四川、雲南等地建立了國家牧場。

　　漢武帝為了培育優良馬種，還專門從西域大宛引入了當時的名馬汗血三千匹。

　　在馬之外，漢代的豬同樣聲名顯赫。

　　從出土的漢代陶豬來看，其特徵是頭型短而寬，耳朵小，背腰寬廣，臀部、大腿、身體健壯，四肢短小，表明這是些成熟快、體形壯、肉質好的豬種。

　　漢代有一位相豬的名家留長孺，《齊民要術》記錄了他的「相彘法」：母豬以嘴短而無柔毛的為良種。如果嘴長，就必然牙多，一側有三顆牙以上，就養不肥。

　　從漢代起，中國的豬種開始向外輸出。當時的羅馬帝國（大秦）就從中國引進了優質的華南豬來改造本地的豬種，培育出了西方著名的羅馬豬。

　　此後，中國的豬不斷地出口，為歐洲與美國的豬種改良不斷地作出貢獻，以至於著名的生物學家達爾文由衷地讚嘆：中國豬在改進歐洲品種中，具有高度的價值。

🔴 「馬踏飛燕」銅奔馬

　　這是1969年在甘肅武威東漢墓中出土的「馬踏飛燕」銅奔馬。

三、理論、儀器、曆法

天學體系的標誌

秦漢是個極重要的時期，是一個轟轟烈烈的大建樹、大收穫時期。

▍天學理論

漢代的天體結構理論，主要有宣夜說、蓋天說、渾天說三家。

宣夜說

這是個很有特色、很有見地的學說，創始人是誰，已經不得而知了。傳下這個學說的，是這位創始人的學生——擔任祕書郎的郗萌。

據《晉書・天文志》記載，郗萌曾聽他的老師說：天空是一個沒有任何物質的空間，高遠得無邊無際。人們眼望上天一片蒼茫，似乎是有顏色的。這就像是很遠處的黃色山巒，但人們遠望時看到的卻是一片蒼翠；又像是俯視千仞的深谷，一片黝黑。但蒼翠與黝黑都並非它們的本色。日月星辰這些天體在無邊無際的天空中自由地飄浮，沒有任何的牽繫，一切運動都由「氣」來決定。

這個學說的出色之處，在於闡述了宇宙的無限性，否定了虛構「天殼」的存在，這是很了不起的。但它對日月星辰等天體的運行規律沒有具體的闡述，更沒有可供天文學家們使用的數學模式。於是，天體的運動就根本無序可言，這個學說也就失去了實用的價值。

所以，儘管這個學說充滿了光彩，但這光彩被它的不足掩蓋了，在當時難為世人賞識。

蓋天說

產生於春秋戰國時期的「天圓地方」蓋天說，後來又有許多的變

化。特別是對於「天殼」的形狀，產生了三種不同的說法：一說天如車蓋；一說天形如笠；一說天如倚車蓋。但這些都是次要的，關鍵是完善了一整套的數學模式。

蓋天說的數學模式記載在《周髀算經》一書中，它描述的太陽運動軌跡，集中體現為七衡六間圖。

蓋天說的天體結構與數學模式其實並不怎麼樣。它只是早期的一個學說，儘管漢代還有人為之修補，但畢竟已經衰落了。特別是西漢末年著名學者揚雄提出了難蓋天八事以後，信從蓋天說的人就更少了。

渾天說

種種的跡象顯示，渾天說也應該是一種較早的學說。漢代是渾天說迅速崛起並獲得主導地位的時代。在這個時代裡，主張渾天說的人和文獻很多，但現在能流傳下來的卻已經很少。學術界公推的代表說法，是張衡的《渾天儀圖注》。雖然這本書是否真是張衡所作還有爭議，但書中所闡述的確實可以做為漢代渾天說的代表性見解。

《渾天儀圖注》中所說的渾天說是這樣一派景象：

宇宙就像一個雞蛋，天殼渾圓而包裹在外，大地如同蛋黃而在這內中，天大而地小。天與地都浮在水上。天憑著氣而不墜落，地浮在水上而不墜落。

這是一個早期的渾天說，到了後來，又有學者把天殼內半是氣、半是水改為全是氣，形成了晚期的渾天說。

渾天說在天文學界受人注目的是它的數學模式：

周天$365\frac{1}{4}$度，大地$182\frac{5}{8}$度浮在水上，$182\frac{5}{8}$度沉於水下。北極高出地36度，南極入地36度。赤道是與極軸垂直，橫截天球為兩半，黃、赤道的交角為24度。黃道上的夏至點去極$67\frac{7}{16}$度，冬至點去極$115\frac{7}{16}$度。這些數值與現代的準確值非常接近（現代周天度數為360度，兩相折算，各項數值都與現代值極其接近），這就使渾天說在古代確立起了獨尊的地位。

① 渾天儀（模型）
這是中國古代測定天體位置的座標儀器——渾天儀
（模型），自漢代以來，歷代都有製造。

　　無論是宣夜說、蓋天說，還是渾天說，從本質上來說都是思辨性的，而不是實證性的，這是由於古代時期的客觀條件所決定的。但就在這思辨之中，依然體現出了古代學者們的實際觀測成果與高度智慧的思辨能力。

▋渾天儀器

　　漢代天文科學的豐碩成果，既得益於天文儀器的進步，同時也包含這些天文儀器在內。

　　西漢初年，為了制訂太初曆，由落下閎對原有的渾天儀作了改進，並用它重新測量了二十八宿的距度。

　　漢宣帝時，耿壽昌創製出了第一架渾象儀器。

　　東漢永元四年（西元九十二年），民間天文學家傅安在傳統的渾天儀上增加了一道黃道環。這一改進引起了著名學者賈逵的重視，他在永元十五年（西元一○三年）主持製造渾天儀時，吸取了這個成果，並特地命名為「太史黃道銅儀」。這時期天文儀器製造的最高峰，是張衡所製的水運渾象。

　　這些天文儀器，可分為渾天儀與渾象兩類。

渾天儀

　　渾天儀是根據渾天說理論製造的、用於觀測天體的儀器。最基本的渾天儀，具有固定不動的赤道環與能繞極軸旋轉的赤徑環（因為能繞極軸旋轉，故習慣稱之為「四遊環」），赤徑環上裝置有窺管。

　　使用時，先將渾天儀的赤道環位置與大地的赤道圈對準，然後再將窺管對準所要觀測的天體，在赤道環上就能讀出具體的數值（古代中國習慣使用「去極度」、「入宿度」為基本數值）。

　　以赤道環為觀測的基準，是建立在古代中國天文科學以赤道座標

為基準座標的基礎之上。但中國古代天文科學並不排斥其他座標體系，所以後來會增加黃道環、白道環、地平環、子午環以及二分二至環、百刻環等。每增加一道環，就能使一次觀測多讀出一個數值，也就使觀測的精度更加提高。

渾象

渾象是一種表演天體視運動狀態的儀器，也就是現代天球儀的鼻祖。其主體是一個象徵天球的圓球體，上面繪（或刻）有赤道、黃道圈與日、月、星辰等天體。

渾象能使人們無論白天還是黑夜，都能很直觀、很具體地了解當時的天象，有利於人們學習、探究、掌握天體知識。

張衡在耿壽昌發明的渾象基礎上，製造出了更為先進的水運渾象。它的主體是一個直徑約五尺（約當今一百二十公分）的空心銅球，上面畫有黃、赤道與二十八宿及其他星官。緊附球體的，是地平圈與子午圈。整個天球一半在地平圈上，一半在地平圈下，可以繞天軸轉動，正表現了所能看到的天象實況。整個渾象還與一套水力推動裝置相連接，利用漏壺滴水的動力與漏壺的計時性，使渾象能夠與晝夜時刻的變化相同步，使渾象所演示的與實際的天象相一致。

這是一個了不起的創造發明。從淺近處說，水運渾象能夠具體地演示天象的實際變化，使渾天說得到普及推廣；而從長遠處說，對於整個天文學事業的發展，對於後來發明機械計時裝置，都有著重要的意義。

漢代天文成就

天文儀器的進步，使漢代對日、月、五星的觀測精度都有不同的提高，內容也有不斷的擴充。如對日蝕的觀測，不僅有了具體的日期，而且對蝕分、方位、虧起方向、初虧、復圓時刻等

壹　貳　參　肆　伍　陸

●渾象（模型）
這是中國古代的天球儀——渾象（模型），自漢代以來歷朝都有製造。張衡把渾象與一套水力推動裝置連接起來，創製了水運渾象（渾天儀），利用漏壺滴水的動力與漏壺的計時性，使渾象的演示能夠與晝夜時刻的天象變化相一致。

等都注意到了。又如對太陽黑子的觀測，對其出現的時間、形象、大小、位置等等有了明確的紀錄。其他如新星與超新星、極光等也都是從漢代開始有了詳實紀錄。

如果要說漢代是古代中國有系統地觀測、記錄天象的起始時期，那是絕對沒錯的。

漢代以前，古代中國的先人們也有天象觀測與紀錄，但由於種種條件的局限與客觀因素的影響，一方面當時的觀測在系統性上確實還不夠，另一方面一些觀測的紀錄也未能完善地保存下來。

而從漢代開始，一方面朝代的沿革較為正常了，歷朝對天象觀測也較為正規，另一方面從漢朝起開始有了正史，成為古代時期保存天象資料最主要的文獻。

這也是天文學體系在漢代形成的重要內容之一。

▋曆法體系

秦王朝使用的顓頊曆是「古六曆」之一，秦統一中國以後成為全國通用的曆法，但終究因為沒有完整地保存下來，所以後人對它知之甚少。

現在人們能夠知道顓頊曆的情況，只有在唐代的《開元占經》中略略保存了一些基本資料，如歲實、朔策、章蔀紀元、曆元等等。

顓頊曆一直使用到漢代初年，那是由於漢初的天下初定，還來不及改制新曆。直到漢武帝時期，改曆才被提上了議事日程。西元前一〇四年，他躊躇滿志的下令由公孫卿、壺遂、司馬遷等「議造漢曆」，同時徵召了當時著名的民間天文學家與占星家共二十餘人參加具體的工作。一

❶靈臺遺址
這是在今河南偃師縣境內的東漢靈臺遺址。靈臺專管天文觀測，著名的天文學家張衡就曾在此臺工作。這是現在世界上較古老的天文臺遺址之一。

共提出了十八種草案，最終採用了鄧平的方案，於是漢代的第一部曆法就此誕生了，這就是中國第一部國家組織制訂的曆法——太初曆。

好事多磨，這部曆法的原文早已失傳了，幸好西漢末年劉歆用這部曆法中的主要資料改制成三統曆（現保存於《漢書・律曆志》中），後人還能基本了解到太初曆的情況。

在三統曆中，開始有了氣朔、閏法、交蝕與五星周期等內容。它將沒有中氣的月分定為閏月，在一三五個朔望月中設二十三個食季。這些很可能就是太初曆的內容。

東漢章帝元和二年（西元八十五年），太初曆被廢止，推出了由賈逵、李梵、編訢等人編製的四分曆。之所以命名為四分曆，是因為歲實、朔策這兩個最基本的常數與戰國時期的四分曆完全一致。

整個兩漢時期的曆法，成就最高的是東漢末年劉洪編製的乾象曆。乾象曆初成於東漢靈帝光和年間（西元一七八～一八三年），終定於東漢獻帝建安十一年（西元二〇六年）。但這部曆法在東漢時沒有被採用，直到吳黃武二年（西元二二三年）才被正式頒布使用。

在古代中國的曆法史上，乾象曆被認為是一部具有劃時代意義的曆法。這種劃時代的意義，主要體現在：

乾象曆是中國天文學史上第一部具有月行遲疾（即月球運動不均勻性）內容的曆法；

乾象曆第一次明確提出了「交點月」的概念（即月亮從白道與黃道的一個交點運行一周後回到原交點所需的時間），並提出了一個相當精確的數值27.55336（現代精確值為27.55455）；

乾象曆縮小了回歸年的斗分值，即將一年$365\frac{1}{4}$日的值提升為365.246179日，更趨精確；

乾象曆提出了「食限」的概念，使對日蝕發生率的判斷更為精確；

乾象曆還創造了「月行三道術」、更為精確的五星推算法……

至此，就可以知道乾象曆何以被稱為具有劃時代意義的曆法了！

　　太初曆誕生的那一刻起，宣告了中國天文學史上的一件至為關鍵的要事：古代中國曆法體系就此形成了！

　　眾所周知，古代中國的曆法是一種陰陽合曆，即以太陽的運行定年，以月亮的運行定月，為了使年、月兩者的日期相合，用設置閏月的辦法來解決。但這實際上並不是古代中國曆法獨有的特點，因為世界上的曆法大多是陰陽合曆。

　　也有的人認為二十四節氣是古代中國曆法的特點，這確實有一定的道理。二十四節氣的確是古代中國的獨特創造，它源起於上古時代，最終完成於漢初。二十四節氣的實質是分得更細的陽曆月，因為陰曆月對農業生產的適時性不利，所以就有了二十四節氣。但二十四節氣只是曆法的具體內容，不能算是曆法的體系特點。

　　那麼，古代中國國家曆法體系的特點是什麼呢？

　　如果您能看一下那些正史上所載的曆法，很快會發現：不是專業人員就絕對看不懂。原來，古代中國的國家曆法，實際上都是天文曆而不是普通的民用曆。

　　在這些曆法中，有的是一系列天文學專用資料。如果您是一位內行人，就能看出這些資料的價值如何，而且能運用這些資料計算出所需的答案。如，您想知道什麼時候會發生日蝕嗎？那就只能根據曆法提供的有關資料，還要懂得有關的計算方法與公式，如此一般，才能計算出結果來。而如果你不是內行人，也就什麼都得不到了。

　　這就是古代中國國家曆法體系的特點。而這種體系在太初曆問世時就已經開始形成了。

四、《九章算術》

中國數學的定體之作

　　《九章算術》是古代中國早期最重要的數學著作。它既是先秦至漢代數學成就的一個總匯，更是古代中國數學體系確立與數學特點形成的核心標誌。

　　《九章算術》的作者不詳，但從諸方面因素考察，估計並非一時一人之作，而是經過多人之手，歷經長期修訂，最終成於西元一世紀之時。

　　《九章算術》全書以問題集的形式構成，共收有二四六個例題。每題分為問、答、術三個部分：「問」是問題，「答」是答案，「術」是具體的解題演算法。

　　全書按內容統為九章：

　　第一章「方田」（收三十八題），闡述各種平面圖形的田畝面積計算及分數運算；第二章「粟米」（收四十六題），闡述穀物、米飯的兌換比例及四項比例演算法；第三章「衰分」（收二十題），闡述社會等級、商業、手工業的比例配分計算；第四章「少廣」（收二十四題），闡述已知面積與體積而求一邊之長的開平方與開立方計算；第五章「商功」（收二十八題），闡述各種工程（築城、修堤、開渠、堆糧等）的體積計算；第六章「均輸」（收二十八題），闡述當時均輸制度下的賦役、稅收計算，包含有複比例、連比例等複雜比例配分計算在內；第七章「盈不足」（收二十題），闡述盈虧問題的解法與用盈不足術（即雙設法）解題的方法；第八章「方程」（收十八題），闡述線性方程組的解法；第九章「勾股」（收二十四題），闡述有關勾股定理的解法與測望（即計算「高、深、廣、遠」問題）計算。

　　以現代的數學來區分這些內容，可以分為三個大的範疇：

❶《九章算術》書影（一）
這是中國數學史上不朽的名著——《九章算術》。其中作者不詳，成書年代約在西漢後期或東漢初期，是一部綜合了中國從先秦一直到西漢的各種數學知識的集大成著作。它不僅被中國歷代數學家尊為「算經之首」，而且在很早就傳到了日本、朝鮮和越南等國，其中的許多內容還傳到了印度和阿拉伯，甚至傳入了歐洲。

一是計算技術，包括四則運算、分數運算、開方運算、四項比例與比例分配運算、雙設法運算等；

二是代數學，包括一次方程組的布列與解法，由此而引入負數概念及正負數的運算；

三是幾何學，包括了長方形、三角形、梯形、圓形、弓形、圓環形、球冠形等平面圖形的面積計算與正方體、圓柱體、圓錐體，及剖面為相等梯形的直棱柱以及其他複雜立體圖形的計算，還有由勾股定理出發的諸多圖形計算與實際測量問題的計算等。

《九章算術》對於數學科學的貢獻，並不只限於這些具體的內容，更為重要的是：它奠定了古代中國數學體系的兩大特色。

一是注重實際的傳統。從先秦時期起，中國的數學科學就是從實際中誕生，為實際服務。到《九章算術》，完全承繼了這種特色。但中國的數學並不排斥理論，只是不作完全脫離實際的理論研究，這與古希臘數學有著較明顯的風格差異。

二是高度的計算能力。由於種種原因的影響，特別是中國擁有獨有的籌算技術，使得中國古代的數學在計算能力方面特別地發達。即使是許多幾何問題，也往往會更注重運用計算來解決。這在《九章算術》中，如分數概念及其計算、比例問題的計算、負數概念及運算、聯立一次方程組的設立與解法、盈不足術（雙設法）的設立與解法等等，都在當時居於世界的最前列，有的（如聯立一次方程組）甚至領先世界一千多年以上。

有著如此巨大貢獻與影響的《九章算術》，很自然地被尊為「算經之首」，研究、作注的人無數，形成了一門獨特的「《九章》」學。唐、宋以後，《九章算術》被列為國家官定的數學教科書，而且開始流傳到了國外，為世界數學的發展作出了應有的貢獻。而奠定了體系的中國傳統數學，從此更將一飛沖天，凌絕巔峰。

❶《九章算術》書影（二）

這是《九章算術》卷二粟米章書影。

五、九州四海的縮微

地理學在三大領域齊頭並進

　　漢代的地理學，在三大領域齊頭並進，為地理學體系的形成砌下了最後的基石。

▌《地理志》開創疆域志

　　在中國地理學史上，《漢書‧地理志》是一部有著特殊價值的地理學著作。它是正史中第一篇地理志，更是地理學著述史上一種全新體例——疆域地理志的開闢者。全文由三部分構成：

　　第一部分是引《尚書‧禹貢》與《周禮‧夏官‧職方氏》的內容相合併而成，第二部分是詳述西漢王朝全部郡縣的情況，第三部分是匯錄劉向、朱贛有關分野、土風的內容。

　　全書的精華與核心，是班固自己所撰寫的第二部分。

　　在這一部分中，班固根據漢平帝元始二年（西元二年）全國的政區建置，詳細記述了一百零三個郡（國）、一五八七個縣（道、邑、侯國）的政區地理情況。具體內容包括：人口數、縣制、山川、水利、特產、官營工礦、關隘、祠廟、古蹟等。

　　這一部分不僅在內容上極其重要，更為後世樹立了體例上的標準。在此後的正史中，有地理志的還有十五部，它們的體例全都以《漢書‧地理志》為基準格式。不僅正史的地理志如此，許多地理總志（如《元和郡縣志》，元、明、清三代的《一統志》）與地方志都不同程度地遵循了《漢書‧地理志》所開闢的這一體例。

　　《漢書‧地理志》的內容，很明顯地表示出仍然沿襲了先秦時期以天文、地理為「王者之法」而形成的傳統，因此更主要的是為政治服務，為王者服務，在內容上體現為自然地理的成分較少且次要，而人文的內

容卻較多且主要。這些做法,也同樣為後世所繼承。

自《漢書‧地理志》,古代中國的地理學進入了一個新的歷史時期。

▊三幅地圖的風采

一九七三年,湖南長沙馬王堆三號漢墓出土了三幅繪製在縑帛上的地形圖、駐軍圖與城邑圖。這是年代僅次於甘肅天水放馬灘戰國秦邦縣地圖的古代地圖實物,是價值極高的罕世珍品。

馬王堆三號漢墓的墓葬年代是西元前一六八年,這三幅地圖顯然是西漢初年的製品,距今至少已經有兩千一百多年了。

這三幅地圖的年代雖然晚於天水放馬灘的戰國秦邦縣地圖,但繪製的品質卻遠要高得多,是少見的精品。

這三幅地圖都以上南下北、左東右西定位,繼承了傳統的格局。

這三幅地圖都有較為精準的比例,駐軍圖的比例略大些,是為了適於作戰的需要。

這三幅地圖的方位、距離,與現代地圖勘合的結果,相當接近,可以推斷這在當時必定經過實際的測定。然而,在當時並沒有高級測量儀器與測量技術的情況下,能夠獲得如此精確準度,簡直令人難以想像。

河流是古代中國地圖的主綱線,猶如現代地圖的經緯線一樣。這三幅地圖也都是以河流為主要綱線,然後再確定其他地方的位置。表示河

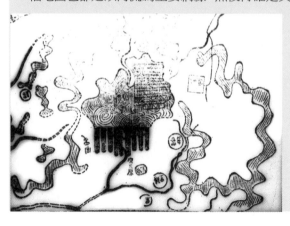

●馬王堆出土的地形圖

這是長沙馬王堆三號漢墓出土的地形圖復原圖,原圖繪於西漢初年,距今已有2100餘年了。圖上繪製的是湘江上游第一大支流瀟水流域、南嶺、九嶷山及其附近的地形,比例尺約為十八萬分之一,繪製精度極高,已接近現代地圖。

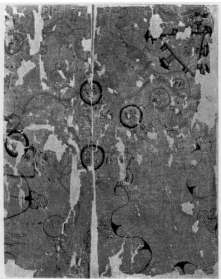

①馬王堆出土的駐軍圖

這是長沙馬王堆三號漢墓出土的駐軍圖復原圖，是用黑、紅、青三色彩繪的軍用地圖。它不只表示出山脈、河流等普通地圖要素，而且還根據專門用途突出表示了九支駐軍的布防和防區界線、指揮城堡等。該圖把駐軍內容突出表示於第一層平面，而把河流等地理基礎用淺色表示於第二層平面，這與現代專門地圖的兩層平面表示法是一致的，反映了中國古代高超的地圖測繪技術。

流的線條，畫得相當的流暢，粗細變化相當均勻。水道的名稱寫在盡頭或支流注入幹流的口上，有的還注明源頭。

對山脈的畫法，這三幅地圖用單線繪出山脈走向，內加斜向直線，有的用魚鱗狀層疊畫法表示山巒的重疊。這些畫法雖然不如現代的等高線畫法，但在古代時期尚無法畫出等高線的情況下，已經是相當不錯了。

這三幅地圖對於地名、駐軍、民居等的標注符號也相當統一。駐軍圖還採用了三色繪圖，河流、湖泊用田青色，道路、居民點、駐軍點用紅色標畫，其他地方則用黑色。

綜上所述，這三幅地圖在體例與繪製技術上都體現出了相當高的水準。在兩千多年前的漢代初年能夠繪製出如此高水準的地圖，只能說明中華民族的聰明才智與當時整體科學水準的高超。

■「震」驚千古的地動儀

地震，是危害最大的自然災害之一。

對地震的研究，在今天仍然沒有進入完全的自由王國。然而，在一千八百多年前的東漢時期，竟然有人製造出了能測出數百公里外地震的儀器。發明這臺儀器的，就是曾經創製了水運渾天儀的中國古代著名科學巨匠——張衡。

張衡（西元七八～一三九年），南陽郡西鄂縣（今河南南陽石橋鎮）人。少懷壯志的張衡，勤奮好學，刻苦過人。到青年時，就已經德才雙修，聲名遠播。永元初年（西元一○七年），張衡寫出了著名的《兩京賦》。在進入而立之年後，張衡的研究趣向逐步轉到了自然科學（特別是天文、地理、製造領域）與哲學方面。

永初四年（西元一一一年），張衡應召入京，先後擔任郎中、太史令、公車司馬令等職。其中，以擔任太史令的時間最長，他的成就，大多是在這一期間獲得的。元初四年（西元一一七年）製成了水運渾象，建光元年（西元一二一年）至陽嘉二年（西元一三三年）製造出了指南車、記里鼓車、自飛木雕、地動儀、候風儀等機械、儀器。這其中的任何一種，在一千八百多年前都是冠絕一時的創造發明，而張衡一人就擁有如此之多的發明，不能不使人由衷地折服。

張衡所以會想到創造發明地動儀，很可能是由於東漢永元四年（西元九二年）至延光四年（西元一二五年）連續發生了二十多起危害較大的地震，使得這位憂國憂民的科學家決心要造一臺能測定地震的儀器。最終，在陽嘉元年（西元一三二年）製造出了世界上第一臺地震儀器——地動儀。

地動儀的全名是「候風地動儀」，「候風」二字體現了張衡的地震理念，即西周時期以來對地震的傳統理論認識。早在西周晚期的幽王二年（西元前七八○年），周原地區發生了一次極其劇烈的大地震。當時的一位大臣伯陽父，以陰陽之氣失序來解釋地震產生的原因與機理，從此

成為古代中國地震的經典理論。

據《後漢書・張衡傳》的記載，這臺地動儀的外形如同「酒樽」一樣，最大腹徑八尺（約當今一百九十公分左右），是以精銅鑄成的。器體外刻有篆文與山、龜、鳥、獸等圖案。器體內部中央豎有一根銅柱，稱為「都柱」。都柱上有八條通道，上面安裝有發動機構，稱為「牙機」。在器體外鑄有八條龍，頭朝下，尾朝上。八條龍的龍頭又都與內部的八條通道對應連接。每個龍頭下面，又都有一隻銅蟾蜍蹲在地上，昂頭張口。

地動儀的工作機理是：當某一個方向發生地震的時候，都柱就會向這個方向傾斜，同時也就觸動了「牙機」，引起體外龍頭上嘴會張開，龍嘴內含的龍珠就會掉下，正好落入下面蟾蜍的口中。人們只要看到哪個方向的龍珠落下了，也就知道這個方向上的某個地方發生了地震。

儀器雖然造好了，可是人們對它的有效性始終半信半疑。

永和三年（西元一三八年）二月初三，在人們沒有絲毫感覺的情況下，地動儀上的一顆龍珠突然落了下來，這一下可引起了人們的紛紛議論，都說這臺儀器不靈驗。

過了數日，突然有飛馬來報，說隴西地區幾天前發生了地震。這一下可把人們嚇呆了，這臺儀器竟能測出千里之外的地震，簡直神了。

以現代的地震知識來分析，常人無感覺而儀器能測到，表明這臺儀器能測到的最低地震烈度是三度左右。

從文獻記載的儀器結構分析，地動儀是利用物體的慣性來收取地震的震動波，從而得到遠距離感應的。這個原理一直沿用到今天。

然而，在一千八百多年前就能運用這個原理，還要用這個原理創製出高精度的儀器，那就是很了不起的事了。在中國以外，一直要到張衡的一千多年以後，在古代波斯的馬拉哈才有類似的儀器出現。

地動儀的發明，是中國地震學史上一件了不起的大事，更是世界地震學史上的奇蹟。可惜的是，這臺「震」驚世界的地動儀不知什麼時候就不知去向了，成為了人類科學史上又一個無可彌補的遺憾！

六、醫祖與醫典

中醫體系的奠基與形成

　　在傳統的中醫史上，扁鵲、張仲景、華佗這三大祖師與《黃帝內經》、《神農本草經》、《傷寒雜病論》這三大醫典的出現，標誌著中醫體系的奠基與形成。扁鵲與《黃帝內經》在上一章第六部分已經有介紹，其餘就在本節中敘來。

▋《神農本草經》

　　從神農嘗百草的傳說時代到東漢時期，古代的先民們積累起了豐富的藥物學知識，這種知識到了該形成為著作的時候。於是，就有了中國現存最早的藥物學典籍——《神農本草經》。

　　《神農本草經》（簡稱《本草》），作者不詳。據推測，本書不是一時一人的作品，而是戰國、兩漢時期藥物科學的總匯，最終成書約在東漢時期。

　　由於原書在唐初已經佚失，現在人們所見到的是後人的輯本，自然失色不少。

　　現在的《本草》，共載有藥物三百六十五種，其中植物藥有兩百五十二種，動物藥有六十七種，礦物藥有四十六種。因為中藥是以植物藥為主的，所以就以「本草」為本書的名稱，中醫藥物學也稱之為「本草學」。

　　全書將所有的藥物按性能分為上、中、下三品：

　　上品藥，是毒性小或無毒性的，功用多為補養類，共收一百二十種藥物；中品藥，是有毒與無毒兼備，功用也兼補養與治療，共收一百二十種藥物；下品藥，是「多毒，不可久服」的，功用為除寒熱、攻邪氣、破積聚的治療所用，共收藥物一百二十五種。

這樣的分類法反映出當時盛行服食藥物以求長生不死以至成仙的風氣，人們重養生而輕治療。但這只是一時的風尚，並沒有造成不可逆轉的影響。

《本草》對每一味藥的記載相當詳細而專業，包括了性味、主治、產地、生長環境、採集時間、入藥部分、加工方法等。

書中記載的主治病名有一百七十餘種，涉及內、外、婦、耳、喉、眼、齒等各科，還有「序錄」（或稱「序例」）一篇，該文闡述藥物學的總則原理，主要內容有：

1、關於藥物配置的原則與禁忌。文中將藥物分為君（上品藥）、臣（中品藥）、佐、使（下品藥），提出了「一君、二臣、三佐、五使」與「一君、三臣、九佐使」的配伍原則。

2、關於藥性與製藥關係的理論。文中提出了「藥有酸、鹹、甘、苦、辛五味，又有寒、熱、溫、涼四氣」的「四氣五味」說。並根據藥性的不同，進一步提出了各種藥物的「陰乾、曝乾、採造時月、生熟土地，所出真偽陳新，并各有法」，藥物的劑型也是「并隨藥性，不得違越」。

3、關於用藥原則、方法的理論。文中確立了「療寒以熱藥，療熱以寒藥，飲食不消以吐下藥，鬼注蠱毒以毒藥，癰腫創瘤以創藥，風濕以風濕藥」的基本用藥原則，並對毒性藥的使用與各種藥物的服法從理論上作了闡述。

這些理論，成為了後世中醫藥物學的指導性理論。

綜觀全書，縱論藥理，橫錄藥物，兩者交互相成，構成了一個完整而嚴謹的藥物學體系，從而奠定了古代中國的藥物學體系。用現代醫學的成就來檢驗《本草》的記載，其內容大多是正確的、可信的。

▍張仲景與《傷寒雜病論》

張仲景，名機（或作「璣」），仲景是他的字，南陽郡（今河南南陽）

人，一說是南郡涅陽（今河南鄧縣穰東鎮）人。師從同郡張伯祖，曾拜訪過何顒，何顒斷言他來日必為「良醫」（《太平御覽》卷七二二引《何顒別傳》）。靈帝時舉孝廉，獻帝建安（西元一九六～二二〇年）中往荊州，劉表命為太守（這一段歷史尚有爭議，未可定論）。後曾北上，為王粲治過病，但王粲不信他的話，結果就如張的預言，不幸病故了。再往後，就沒有其他的史料記載了。

後世的學者認為：張仲景與華佗是東漢末年南北兩大流派的頂尖人物與代表。華佗以外科而驚世，仲景以內科而駭俗，各揚其長而又南北交輝。

張仲景的醫學成就，集中體現在他的醫學著作《傷寒雜病論》中。

《傷寒雜病論》，又名《傷寒卒病論》，後人將全書分為《傷寒論》（又名《辨傷寒》）與《金匱要略方論》（又名《金匱玉函要略方》，簡稱《金匱要略》）兩部分，各自獨立成書。

《傷寒論》，主要論述傷寒等急性傳染病的診治，全書十卷二十二篇。《金匱要略》，主要論述內、外、婦科等諸病診治，全書三卷（原六卷）二十五篇。

在全書的《自序》中，張仲景自陳從學醫起就「勤求古訓，博採眾方」，加之自己的「精究方術」，所以才終成這部醫學典籍。

全書的精華，可以歸納為以下幾個部分：

1、對致病原因的總結。對於人類的致病原因，張仲景有一個高度的概括：「千般疢難，不越三條：一者，經絡受邪，入臟腑，為內所因也；二者，四肢九竅，血脈相傳，壅塞不通，為外皮膚所中也；三者，房室、金刃、蟲獸所

傷。以此詳之，病由都盡。」實質上，也就是把致病原因高度抽象、提升到只有內、外兩個方面，顯然這是他的整體認識。

2、對六經辨證的發展。「六經」之說，早在《黃帝內經》中已經提出，但張仲景在理論與實踐上都作了重要的發展。《傷寒論》將所有急性熱病的所有症狀與體症歸結為太陽、陽明、少陽、太陰、少陰、厥陰六類，這就是「六經」。他結合各症逐一對寒熱、虛實、表裡、邪正的關係進行分析：三陽病多屬熱證、實證、表證，正氣盛而邪氣實；三陰病多屬寒證、虛證、裡證，正氣虛而邪氣衰。具體深入而言，則又各有分析。如太陽病，基本特徵為「脈浮，頭項強痛而惡寒」，下分表證與裡證兩大類，太陽表證又有表虛與表實之分，太陽裡證則有蓄水與蓄血之分。六經之間相互影響，因此會出現兼證、傳變、合病、並病。

這就是「六經辨證」。它的特色在於：既在整體上掌握了各類疾病發生、發展與變化的規律，又能注意到疾病在每一發展階段上的特殊性，從而全面地掌握病變的發展情況，分清主次、輕重、緩急，作出切合實際的診斷，為正確施治提供先決的條件。這一點也表明了：張仲景闡述的「六經辨證」已經具備了「四診八綱」的雛形。可以說，「六經辨證」是「四診八綱」的先聲。

3、對「隨症施治」的論述。在看了「六經辨證」的精闢分析論述之後，很自然地就會懂得不能呆板地施治。張仲景既提出了一套規律，後人稱之為「八法」，即：邪在肌表用汗法，邪壅於上用吐法，邪實於裡用下法，邪在半表半裡用和法，寒症是溫法，熱症用清法，虛症用補法，積滯、腫塊類症用消法。但這只是原則上的，具體在每一個病人的每一種病，都必須隨症施治。這些內容，在書中有大量的例證。

❶《傷寒雜病論》書影

全書共收方劑三七五首，《傷寒論》收一一三首，《金匱要略》收二六二首。除去重複，實際共收二六九首。這些藥方中，共使用藥物二一四味，常用藥物基本上都在其中。張仲景對每味藥的增減與配置都作了說明。

這些藥方的劑型相當豐富，有湯、丸、散、酒、軟膏、醋、洗、浴、熏、滴耳、灌鼻、吹鼻、肛門與陰道栓等等。對於藥物的製作、煎法、服法等等，書中也有許多具體的說明。

《傷寒雜病論》在古代中國的醫學史上具有極高的價值與地位，它最終確定了中醫辨症施治的原則，奠定了中醫診治學體系的基礎。從宋代起，該書被列為官辦醫學的教科書。傳到日本、朝鮮與東南亞國家後，對這些國家的醫學發展也作出了貢獻。

▊ 神醫華佗

神醫華佗，在中國可說是一位家喻戶曉的名人。人們知道這位神醫，十之八九最先都是從古典文學名著《三國演義》中聞知其名的，他為關羽刮骨療傷的故事，他要為曹操劈開頭顱醫治頭痛疾病的傳說，不知被戲曲與曲藝演繹了多少回。

撇開《三國演義》這樣的小說不論，華佗確確實實是古代中國一位神奇的名醫。在中醫史上，華佗是一位具有里程碑意義的名醫，是名副其實的「外科之祖」。

華佗，別名旉，字元化，沛國譙縣（今安徽亳縣），約生於漢沖帝永嘉元年（西元一四五年）左右，死於漢獻帝建安十三年（西元二〇八年）前，為曹操所殺。

華佗一生鄙薄仕途名利，堅持在民

華佗像
華佗，字元化，東漢末年著名的外科醫生。他在二千七百多年以前就成功地做過切除腹腔腫瘤以及腸胃部分切除吻合等大手術，所用麻沸散是世界上最早的麻醉劑。他還積極提倡體育鍛煉以增強體質，是運動保健學的創始者之一。

間行醫，深受人民大眾的敬重與愛戴。

華佗的盛名，得自於他對民間疾苦的一片愛心，也得自於他高超絕倫的醫術。特別是他那近乎於神話般的外科醫術，為中華醫壇書寫了無數的奇蹟。華佗對中華醫壇的貢獻主要有：

1、發明了世界上最早的外科麻醉藥——麻沸散。麻沸散是一種全身麻醉劑，用酒沖服，它能使人進入昏睡狀態。在文獻中，記載了數例用麻沸散進行麻醉的手術。但是，麻沸散究竟是一種什麼麻藥呢？許多醫學家曾作過探索，都有一定的道理，但也都沒有能夠定論。麻沸散的失傳，是古代中國醫學的一大損失。

2、進行了中國歷史上最早的腹腔手術。《後漢書‧華佗傳》記載了這樣的手術：先服下麻沸散，等麻醉以後，就剖開腹腔，能割開腸胃進行清洗，再行縫合，再塗上神膏，四、五天以後就能使傷口結好，一個月長好如初。

除了腹腔手術外，華佗還進行過其他的手術。

進行外科手術，很重要的前提是要有一定的解剖學基礎。而中國古代似乎並沒有解剖學的傳統，也沒有這種社會環境與條件。那麼，華佗又是怎樣掌握這些技術的呢？這似乎是一個謎。如果華佗是憑著自己在民間的勤奮好學而掌握的，這豈不又使我們領略了華佗的超人「天才」嗎？

華佗手術圖

華佗正在為患者施行剖腹手術。

3、創始運動保健學。運動強身保健，這是中華醫學保健特色之一，它的起源很早，奠基形成於戰國至兩漢時期。

在戰國時期，醫學保健開始形成兩種大的趨勢：一是以服食藥物為主；一是以運動保健為主。服食藥物（特別是像「五石散」這樣具有較強毒副作用的藥物）是一時的風氣，而華佗能反這股潮流而主張運動保健，是運動保健學的創始者之一。他吸取了先秦以來導引術的精華，創造出了著名的「五禽戲」。五禽戲以虎、鹿、熊、猿、鳥的動作姿態為基礎，進行模仿鍛煉，以達到強身健體的目標。

他的學生吳普遵循老師的這一方法鍛煉，一直活到九十餘歲還「耳目聰明，齒牙完堅」，為華佗的《五禽戲》做了很好的標注。

4、擁有全面的高超醫術。華佗不僅外科醫術高明，內、婦、兒等各科以及針灸的醫術同樣高超過人，歷史上流傳了華佗治療這些疾病的許多故事，而且不少有傳奇的色彩。雖然是未必可全信，但確實有真實的成分在其中。如，華佗所創造的「夾脊穴」，至今仍在沿用中。

華佗自己曾寫有不少醫著，但都已經失傳。他弟子總結他的經驗而著的書，也幾乎都相繼佚失了。這是中國古代醫史上一個重大的損失。

🔵 **馬王堆出土的導引圖**

早在馬王堆三號漢墓所出土的帛書中，就有一幅導引圖，圖中一些動作下就標有「鳥伸（呻）」、「猿呼（呼）」、「熊經」、「龍登」等等的題名，可見模仿動物的運動早就開始了。華佗在總結前人經驗的基礎上，加以提煉而匯總成了《五禽戲》。

七、漢時宮闕秦時關

古代建築體系的形成

古代中國建築，從先秦到秦漢，同樣經歷了由奠基到體系形成的過程。阿房宮、漢都城、萬里長城……一系列前所未有的大氣勢建築紛紛湧現，正是這個體系形成的標誌。

▌秦漢長城

長城，是古代中國的獨特建築。

戰國時期，一些諸侯國家為了抵禦別的國家進攻，在連綿不斷的群山上建造起長長的城牆，燕、趙、魏、齊、吳、楚等國家都築有這種長城。

秦帝國建立以後，為了防禦匈奴的入侵，將燕、趙、魏等國家的北部

🌔 萬里長城

這是聞名世界的萬里長城。它最初是由秦王朝把春秋戰國時燕國和趙國修築的防禦城牆連接而成的。以後從漢代直到明代，長城又被不斷地加固修築。整個長城工程浩大，壯嚴雄偉，西起嘉峪關，東到山海關，全長12700多里，是太空船上唯一用肉眼可見的地球上的人造建築，反映了中國古代人民的智慧和力量。

長城連接起來，用三十萬人整整修了十多年，才初步築成。

這就是舉世聞名的萬里長城。

秦代的萬里長城，西起甘肅臨洮（岷縣），沿著黃河到內蒙臨河，又北登陰山，再南下山西雁門關、代縣、蔚縣，接燕國長城後，經張家口而經燕山、玉田、錦州，終於遼東。

繼秦而起的漢王朝，也因為北方地區匈奴的侵擾不斷，繼續修築長城。

漢代除了修繕秦長城外，又修築了朔方長城（今內蒙河套以南）與涼州西段長城。涼州西段的長城規模較大，北起額濟納旗居延海，西南經大方城到金塔縣，是其北段；金塔縣經破城子、橋灣城到安西縣，是其中段；從安西縣經敦煌達大方盤城、玉門關而至新疆，是其南段。

漢長城與秦長城相比，構築的規模與技術都有了較大的進步。特別是新築的「涼州西段」長城，「五里一燧，十里一墩，卅里一堡，百里一城」（《居延漢簡》語），成為了大漠與山嶺中的一道烽火線。

在北國的高山峻嶺、沙漠戈壁上建造如此浩大的工程，與其說是用土堆築的，還不如說是以中華民族的血肉之軀築成的。

萬里長城，就是中華民族的浩浩英魂！

▌兩漢之都

您讀過班固的《兩都賦》與張衡的《兩京賦》嗎？

「左據函谷二崤之阻，表以太華終南之山；右界褒斜隴首之險，帶以洪河涇渭之川。」

「建金城而萬雉，呀周池而成淵。」

當人們吟誦這些詩句時，《兩都賦》的備陳頌詞，《兩京賦》的極盡諷喻，都浮然眼前。而無論是稱頌還是諷喻，都寫盡了西漢都城長安與東漢都城洛陽的輝煌神麗——「富有之業，莫我大也」！

西漢都城長安（今陝西西安市），是劉邦入關後，在秦長安宮的基礎上逐步擴建而成的。

當時先將長安宮擴展為長樂宮，又在邊上造了未央宮與北宮，再在這些宮殿造成後，建造起了長安城牆。負責這些工程的，是一位軍伍出身的楊城延。

後來，漢武帝又在城西修了建章宮，在城內造了桂宮、明光宮。王莽時，又在城南修建了辟雍等禮制建築。

在西漢末年與東漢末年，長安城屢遭破壞，最終被董卓縱令部下燒毀。

根據文獻記載與考古發掘，可以知道長安城呈不規則矩形，周長二十五點一公里。全城共有十二個城門，以東面的宣平門為最主要的出入口。城中的街道，南北與東西向縱橫交錯，共有八條，寬度都在四十五公尺左右。長安城實際上還只是一座內城，大規模的居民住宅區則是在北面與東北面的「廓」區內。

漢代長安城，人口最多時達到三十萬左右，是當時世界上的大都市之一。

東漢改都洛陽，是在東周城的基礎上發展起來的，今人稱之為「漢魏故城」。

漢故長安城圖

這是元代李好文所著的《長安志圖》中所載的《漢故長安城圖》。

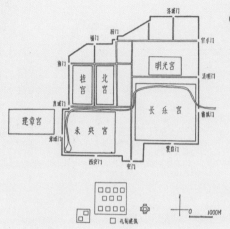

這是漢長安城內宮室分布復原圖。

洛陽故城為不規則的長方形，南北長九里多，東西寬六里多，有的古代文獻稱之為「九六城」。考古發掘表明，實際情況基本上與文獻相合，總面積約九點五平方公里。

故城內原即有南、北二宮，後來漢明帝時曾重修北宮。其中的德陽殿，它的「庭」據說和阿房宮一樣可以容納一萬人。

洛陽城的布局與西漢長安城不同，以南、北縱向布局為主。

洛陽城的城門，每一面各三門，以東面為主，東面的北門（宣平門）為主要城門。

洛陽城與西漢長安城一致的是，實質上依然屬於內城性質，南、北二宮占據了絕大部分地方，平民居宅和禮制建築都在城外。

東漢末年，洛陽城大受損壞，主要宮殿都被燒毀。

▌木結構建築體系的形成

戰國時期形成了一種高臺建築的風格，反映出當時崇尚等級威嚴的思想。這種風格在秦代與西漢依然流行，如秦咸陽的甘泉宮以至阿房宮、西漢長安的未央宮，都是這種高臺建築。

到了東漢時期，高臺建築逐漸減少，而開始向樓閣形式發展。

這種風格的改變，一是因為經濟、實用的原則發揮了作用，二是由於木結構建築技術逐步成熟、木結構建築體系已經形成。

木結構建築最基本的部分是木構架，秦漢時期已經日趨完善，形成了抬梁式與穿斗式兩種最主要的方式。

抬梁式，是將大的橫梁架在立柱上，然後在梁上再立短柱（瓜柱），短柱上再架短梁，如此層層上架，形成尖頂架構。梁架之間，又以檁木連接固定，檁上又施椽。

穿斗式，是直接在立柱頂端架檁，檁上施椽，有的還在檁柱間加斜撐做為加固。

也有的是將這兩種結構結合起來使用，一般都是兩山牆處用穿斗式，中間用抬梁式。

在南部地區，還流行干欄式與井幹式。

斗拱，是中國傳統建築又一個獨特的結構。斗是指斜方形的墊木，拱是弓形的拱木，用來承托梁和枋頭，支承出簷的重量，兼有裝飾作用。

漢代建築的屋頂有五種形構：房殿式、懸山式、囤頂式、攢尖式、歇山式。這些既是到漢代時期木結構所達到的水準，又是古代建築木結構體系形成的標誌。

當然，任何一個時代的建築不可能只用一種材質，秦漢時代同樣如此，泥土、石材、磚瓦以至蘆葦等也都在使用。特別是磚、瓦，秦漢時期開始奠定了做為基本材料的地位。

秦漢時期的宮闕聲名卓著，而它奠定的建築體系在建築史上享有更高的地位。

八、蔡侯紙·蟬翼衣·青瓷釉

手工業的興旺發達

強大的秦漢帝國闊步向前，手工產業同樣乘風滿帆，一派興旺。

■造紙術的發明與蔡侯紙的誕生

紙對於人類文明的貢獻，是無法估量的。

到現今為止，人類使用過許許多多的書寫材料，然而沒有一種能與紙相媲美。

發明紙的，正是中華民族。

從六十至七十年前起，透過考古發掘，不斷地發現西漢初期（西元前一～二世紀）的早期紙張，表明了紙的發明就在這個時期。

但這時的紙張製造技術還很原始，紙張品質相當粗糙，絕大多數不能做為書寫的材料。到了漢宣帝時，已經出現了一些較為細膩的紙張，能夠略用於書寫。顯示出當時造紙技術的進步是相當迅速的。

到東漢時期，出了一位造紙技術的革新家——蔡倫，為造紙術的發展作出了歷史性的貢獻。

蔡倫，字敬仲，桂陽（今湖南耒陽）人，在明帝、章帝、和帝時期做宦官。和帝時，升任為尚方令，這是一個掌管宮廷作坊的職務，從而有機會觸及造紙行業，改革造紙工藝。

東漢元興元年（西元一〇五年），當蔡倫把新製的紙張獻上的時候，受到了漢和帝的稱讚。從此，他革新的造紙技術，奠定了整個傳統的造紙事業。蔡倫因此被封為龍亭侯（龍亭在今陝西洋縣），他監造的紙被稱為「蔡侯紙」。

據文獻記載與現代科學的分析推測，蔡倫對造紙技術的革新，大致

◆紙地圖

這是在甘肅天水出土的西漢時期的紙地圖，是目前世界上最早的紙。其原料為大麻，紙面平整光滑，結構緊密，表面有細纖維渣，可見造紙技術比較原始。紙上用墨線繪有山、川、崖、路，是一幅世界最早的紙繪地圖。

有這樣幾點：

1、在原料上，採用了破布、破網等物質，既有利於提高紙張的品質，也降低了生產成本。特別是採用樹皮做為原料之一，這是一個重要的突破，既為古代造紙開闢了更為廣闊的原料途徑，也開了現代木漿造紙之先河。

2、對原料的處理可能已經有了加入石灰漿升溫促爛與蒸煮等工藝，使得植物纖維的分解更為細膩。

如果確是這樣的話，傳統的造紙工藝也就從此奠定了。

書寫紙產生以後，其他的書寫材料迅速地被排擠掉。人類有了紙，有了書，人類文明的發展猶如插上了翅膀。

中華民族發明的造紙術，漢代以後傳到了鄰國，繼而傳遍全世界，中華民族為全人類的文明發展作出了卓越的貢獻。

❶蔡倫像

蔡倫（西元？－121年），東漢時造紙技術的改革家。曾任主管御用器物的尚方令，後又被封為龍亭侯。他總結西漢以來用麻類纖維造紙的經驗，改進造紙技術，用樹皮、麻頭、破皮、舊魚網為原料造紙。由於品質提高，可供書寫之用，使紙張的應用得以推廣，逐漸代替了簡帛。人將蔡倫改進製造的紙稱為「蔡侯紙」。

●漢代造紙工藝示意流程圖

▌馬王堆的「蟬翼衣」

　　馬王堆一號漢墓出土的紡織品相當豐富，共有兩百多件。

　　在這兩百多件的紡織品中，有一件看上去毫不起眼的織物，展開後卻發現它居然薄如蟬翼，輕似煙霧。這件長達一百六十公分、兩袖通長一百九十公分的衣服，居然只有四十八克（或說為四十九克）。

　　這件被稱為「素紗蟬衣」的織物，使得現代的織造專家們技癢難耐，決心要與之一比高下。一些擁有高級工藝師與技術設備的絲綢研究所曾作過試製，至今卻沒有一家能達到這麼輕的分量，更不要說超過它。

香地繡對鳥綾紋綺
這是在長沙馬王堆漢墓出土的西漢香地繡對鳥綾紋綺，是一種織後練染的提花織物。

　　當然，我們也要考慮到，「素紗蟬衣」歷經兩千多年可能會有一些自然的損耗而減輕了分量，我們也相信現代科學技術一定能製造出分量更輕的織物來。然而，這一切都已經無關緊要了，因為「素紗蟬衣」做為兩千多年前的產物而能達到如此程度，真是一個後人永遠無法企及的紀錄。

　　馬王堆織物的精彩，當然不止是「素紗蟬衣」一種。如有一件紺地紅矩紋起毛綿，屬於重經提花起毛織物，而以往人們還認為元明時代的漳絨、織金絨、天鵝絨等起絨織物的技法是從國外傳入的。現在，人們得知這不僅是中國固有的技法，甚至國外的技法說不定也是由中國傳去的。

　　馬王堆的織物是精彩絕倫的，可以說是代表了西漢初年的最高水準，它將永遠記載在世界科學技術史上！

▌成熟瓷器的誕生

　　瓷器之國的成熟瓷器，在東漢時期誕生了！

從商代開始出現原始瓷器到東漢中晚期出現成熟瓷器，跨越了一千五百多年之久，這是一個漫長而艱辛的歷程。

從原始瓷器到成熟瓷器，在技術上要有兩大進步。一是原料的處理必須更潔淨、細膩，二是燒成溫度與燒成技術有更大的提高。

考古發現的東漢瓷器與窯址已經有數十例之多，可以見到當時的瓷器已經近同於現代瓷器的技術指數，特別是越窯所出的一件瓷器，燒成的溫度已達攝氏一千三百一十度，胎中顯示氣孔率為0.26%，吸水率為0.28%，胎體緻密堅硬，有微透光性，叩擊時有金屬聲，與現代瓷器十分地近同。

以往，人們根據潘岳（西元二四七～三〇〇年）《笙賦》「傾縹瓷以酌酃」一語推斷瓷器產生於魏晉時期，現在有了大量的實物證明，可把瓷器產生推前到東漢的中晚時期，而且大江南北都有，量多質好。

東漢時期的成熟瓷器，主要是青瓷，有少量的黑瓷。青瓷與黑瓷都是以鐵為色劑，含量在百分之三以下的是青瓷，在百分之四到百分之九以上的是黑瓷。青瓷的品質高於黑瓷。

東漢的瓷窯以越窯為最，越窯分布於浙江的上虞、慈溪與餘姚、寧波、鄞縣、永嘉等處，又以慈溪上林湖最為重要。上林湖越窯，是唐五代時「貢窯」與「祕色窯」的所在地。

東漢的窯爐，是以蜿蜒的「龍窯」為主，「龍窯」亦稱「蛇窯」或「蜈蚣窯」。雖然還不夠成熟，但能夠燒到攝氏一千兩百度以上。

在釉彩上，漢代出現了鉛釉料是一個重要的進展。

鉛釉料是一種低溫釉，大約在攝氏七百度左右就開始熔化，流動性強，內含銅、鐵等成分的著色劑。後來著名的唐三彩，就是由這時的鉛釉發展而成的。

在中國的陶瓷史上，漢代是一個里程碑的時期。特別是成熟瓷器的正式湧現，開創了瓷器生產的全新時代，將書寫出更為燦爛的瓷器文化。

壹 貳 參 肆 伍 陸

●青瓷四繫罐
這是在河南洛陽出土的東漢青瓷四繫罐，是青瓷燒造技術成熟的作品之一。

九、張騫「鑿空」

打通封閉

漢武帝時期，為了抗擊匈奴的侵擾，需要與西域地區的國家進行聯絡，就在建元三年（西元前一三八年）懸賞招募使者。郎官張騫勇敢地應募，就在這一年與元狩四年（西元前一一九年）兩次出使西域，最遠到達了中亞地區。

張騫兩次出使西域，在歷史上留下的意義是什麼呢？後人看到的，已經不再是漢朝與匈奴之間的紛爭，而是從此打開了封閉的中域與外域聯繫的通道。

我們在上一章的第四部分中曾經介紹中國與外域早在先秦時期就開始有了交往，然而，這種交往只是民間的、零散的，對於整個國家的影響微乎其微，以至在正史上根本就無蹤跡。

因此，在張騫兩次出使西域以後，這條通道從此成為了國家正規的中西通途，人們稱頌張騫的行動是「鑿空」（《漢書‧張騫列傳》）。中西交往的歷史，的確是從張騫之後才真正開始大書起來的。

早在先秦時期由無數勇敢卓絕的先行者們所開闢的這些通道，在經過了張騫的政府行為之後，終於光大發揚為舉世聞名的「絲綢之路」。

中西交通的開闢，無論是人員的往來，貨物的貿易，還是科學技術的交流，不可阻擋地有形、無形地同時開始了。

然而，在古代時期，除了少量的政府人員往來，最主要的就是貨物的貿易，而堂堂正正的科學技術交流卻幾乎沒有，都是暗暗地、零散地在進行著，一派「隨風潛入夜，潤物細無聲」的景象。

再深入地觀察，在這種交流中，中國的科學技術輸出得多，國外的科學技術輸入得少，這是一個不爭的事實。

一切都表明了，中西交通的開闢雖有利於科學技術的交流發展，但對中國科技發展的促進作用並不很大。這其中的原因，固然相當複雜，然而根本的恐怕是與當時科學技術的地位低下有關。

時至今日，當我們已經認識到「科學技術是第一生產力」，當這世界上已經有了無數的「絲綢之路」的時候，我們在歷史中又將汲取些什麼呢？

記取歷史的經驗與教訓吧！

壹 貳 參 肆 伍 陸

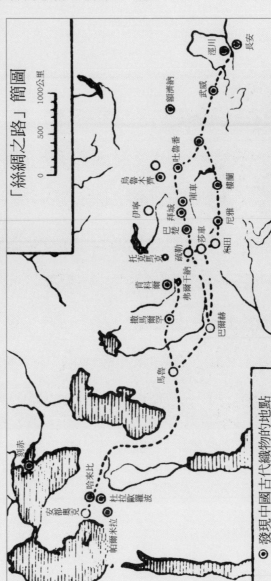

●「絲綢之路」路線圖

這是秦漢時期自長安到大秦（羅馬帝國）的「絲綢之路」的路線圖。中國的絲綢、漆器、瓷器和鐵器等都是透過這條著名的「絲綢之路」大量運往西方的，東西方科學文化也正是透過這條「絲綢之路」得以交流的。

淡世與亂世中的疾進
（魏晉南北朝時期）

在中國四千年的王朝史上，魏晉南北朝是最為紛亂的時期。

然而，就在這樣的亂世中，卻居然出現了古代科學技術高速疾進的罕見局面，宛如沙漠中的一片綠洲。

在中國的歷史上，戰國時期與魏晉南北朝時期都是戰爭與分裂的時期，但在文化與科學技術上都出現了豐收的時節，這種現象背後與深層中的原因是什麼，足以成為學術史上的千古疑題。

魏晉南北朝時期科學技術的疾進，使得秦漢時期已經領先於世界的地位得以繼續保持，古代中國科學技術的大軍依然邁進在世界的最前列。

一、理論數學和計算數學

奠定和巔峰

相對上成熟較晚的數學科學，在秦漢時期初露尖尖荷角之後，在魏晉南北朝時期迎來了一個豐碩的收穫季節。

《周髀注》、《九章算術注》、《海島算經》、《孫子算經》、《張邱建算經》、《五曹算經》、《五經算術》、《數術記遺》、《綴術》等一大批數學著作，趙爽、劉徽、張邱建、甄鸞、祖沖之等一大批數學家，都在這個時期如雨後春筍般冒出來，形成一道蔚為壯觀的風景線。

站在這個時期最前列的是趙爽、劉徽、祖沖之父子，特別是劉徽與祖沖之父子，更是高居於數學巔峰的大師。

█ 勾股定理的證明與「數形統一」的思想

勾股定理（即畢氏定理）是古代中國人民早在數千年前就已經認識的數學定理，在漢代成書的《周髀算經》與《九章算術》中有明晰的闡述，是古代中國早期數學的卓越成果。

然而，認識定理與證明定理並不能同等而言。而且，證明定理往往比認識定理要難得多。

勾股定理就是一個早已被人認識而遲遲未見有人證明的數學定理。

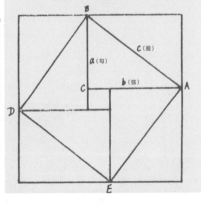

我們迎來的第一個證明者，就是三國時期東吳的趙爽。

他在《周髀算經注》中先給出了兩個著名的公式：

（1）勾 × 勾 ＋ 股 × 股 ＝ 弦 × 弦（即 $a^2 + b^2 = c^2$）

(2) 弦 = $\sqrt{勾^2+股^2}$（即 $c=\sqrt{a^2+b^2}$）

接著，他又以一個「弦圖」來進行論證。

在這個圖中，正方形ABDE是由與直角三角形ABC一樣大的四個三角形加上中間的正方形構成的。直角三角形的面積為 $\frac{1}{2}ab$，中間正方形的邊長是b-a，則面積就是（b-a）^{2}。於是，正方形ABDE的面積就是：

$\frac{1}{2}ab \times 4+（b-a）^2=c^2$

整理後就是：

$a^2+b^2=c^2$（也就是 $c=\sqrt{a^2+b^2}$）

在這個證明中，幾何圖形的截、割、拼、補與代數式之間的恆等關係得到了最直觀、最嚴密的體現，兩者配合密切，形神兼備，確立了一個形數互證、形數統一的標杆與典範！

此後的劉徽，在證明勾股定理時也沿用了這樣的方法。

劉徽在《九章算術注》中也有一段證明勾股定理的文字與圖，因為原圖已經佚失，人們根據文字補出了圖。

在這個圖中，如果把朱方（a^2）的Ⅰ塊移到Ⅰˊ，把青方（b^2）的Ⅱ塊移到Ⅱˊ，Ⅲ移到Ⅲˊ，正好能得到以弦為邊長的正方形（c^2），也就是證明了 $a^2+b^2=c^2$。

形數互證、形數統一的數學思想，是古代中國數學科學一個重要的思想組成部分，與西方

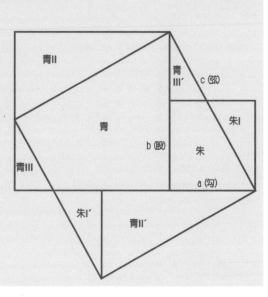

歐幾里德為代表、幾何學那種純粹空間研究的風格有著明顯的差異。歐洲直到十七世紀的笛卡兒創立解析幾何後,才使空間關係與數量關係得以統一起來,而這在某種程度上恰恰是中國傳統的「形數統一」思想的重現與昇華。

▌奠基理論數學

三國時期,最傑出的數學大師是曹魏的劉徽。其數學成就,集中體現在他的數學專著《九章算術注》中。

在中國的數學史上,《九章算術注》是一部具有里程碑意義的數學名著。因為它開創了古代中國的理論數學,奠定了中國古典數學的理論基礎。

數學,是一門既抽象、又具體的科學。在古代中國,數學雖然很發達,但主要重視、強調的是它的實用性,對數學的理論研究較為薄弱,在劉徽之前,數學理論可以說幾乎處於空白的狀態。因此,劉徽創立的數學理論具有特別重要的價值與意義。

劉徽《九章算術注》的數學理論,主要體現在幾個方面:

其一,劉徽第一次對一些數學概念作出了科學的定義。

在古代中國的數學中,有大量的專用名稱,也就是現代數學所說的「概念」。這些數學概念原來都是逐步產生,約定俗成的,誰也沒有作過界定。這種現象,在古代中國整個科學技術領域中十分普遍,並不只是數學學科中的現象,它反映出了傳統科學技術的非理性型與經驗型特色。這些數學概念由於沒有明確的解說(即現代所說的定義),缺陷十

分明顯，對於整個數學科學的發展很不利。

做為一位數學大師的劉徽，敏銳地察覺到了這種缺陷，第一次對這些概念作了解說，下了定義。

在《九章算術注》中，劉徽所注明的數學概念定義共達二十多個，如冪、齊、同、率、衰分、列衰、開方、開立方、立方、立圓、陽馬、塹堵、鱉臑、方程、正負、勾、股、弦等等。對這些數學概念，劉徽下的定義，有著鮮明的風格：簡潔明瞭，準確嚴謹。

如，使用最為普遍的「率」，劉徽所下的定義只有四個字——「數相與者」，極其簡明。當然，對於常人來說，什麼是「相與」，還是不甚清楚的。因此，劉徽又作了進一步的說明，即兩數同時擴大或縮小時，其「率」不變。很顯然，「率」就是指兩數的比例關係。這時再回過頭來看「數相與者」這個定義時，就更能體會到它那簡明準確的特點。

其二，劉徽第一次全面地對數學法則與公式進行了邏輯證明。

在劉徽之前，數學著作中有許多的解題技巧與運算技術，古人稱之為「術」。這許許多多的「術」，古人往往沒有說明為什麼能這麼做的理由，從不交待解題與運算的原理。

在這裡，劉徽又一次顯示出了特有的理性敏感。他認為，數學做為一門科學，數學家做為一個學者，都不能「拙於精理，徒按本術」，而應該如「庖丁解牛，遊刃理間」。意思十分明確，即使是一個屠夫宰割牲畜，也要懂得牲畜的生理結構，才能成為高手。相比而言，數學更要明瞭其原理與規律。

《九章算術》全書共給出了二○二個「術」，劉徽對每一個「術」都作了詳細的分析、探討，以揭示、闡明其數學原理。

對數學原理的分析、探討，劉徽概括的方法有兩條：一是「析理以辭」，即以邏輯的推理去層層解剖、分析，推本尋源；二是「解體用圖」，即以直觀的圖像來說明、驗證，當然在有關幾何的題類中用得更多些。

從具體的方法到最終的結論，都顯示出了數學的理論性，標誌著古

典中國數學從此不再只是單純的「算術」（計算技術）了！

其三·劉徽第一次嘗試建立一個完整的數學理論體系。

劉徽在進行了一系列具體的理論探索以後，並不滿足、止步，他雄心勃勃地想要建立一個完整的數學體系。

在劉徽的心目中，整個數學體系應該猶如一棵繁茂的大樹，無數的枝、葉，最終都要匯聚到主幹上去。這也如同天文科學一樣，一切具體的理論、成果、技術，最終都要匯聚到渾天說這個理論主幹之上。為此，劉徽決心創立一個如同渾天說一樣的數學核心理論，使整個數學大樹能發乎一端、成乎千萬。

在《九章算術注》中，劉徽對齊同術、今有術、方程術、勾股術、重差術、割圓術，等具有較廣泛用途的算理下了很大的工夫，認為有可能成為根本性的數學理論，稱之為「都術」。

由於種種原因，劉徽最終沒有能夠找到一個類似於渾天說那樣的根本理論，也沒能建立一個類似西方歐幾里德《幾何原本》那樣的公理化理論體系。儘管如此，劉徽在數學理論上的貢獻與成就仍然十分突出，意義尤其巨大。在很長的時期裡，西方的數學史家們一直認為古代中國的數學只有計算技術（甚至承認這種技術是很發達的），而沒有數學理論。劉徽對數學的理論研究，向世人宣告了這不是事實，古代中國數學同樣也有光彩照人的理論。

劉徽是古代中國數學界的驕傲！

▋無與倫比的數算成就

劉徽除了在理論上的宏大建樹外，在數算技術上同樣有許多傑出的創造突破，如他建立了十進分數理論，發展了對「正負術」的認識，用互乘相消法改進線性方程組的解法，提出了斜解「塹堵」後，「陽馬」和「鱉臑」的體積之比永恆為二比一的多面體體積原理，發展了古代的

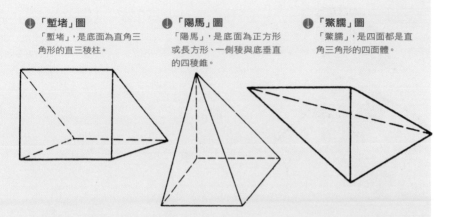

⬇ 「塹堵」圖
「塹堵」，是底面為直角三角形的直三稜柱。

⬇ 「陽馬」圖
「陽馬」，是底面為正方形或長方形、一側稜與底垂直的四稜錐。

⬇ 「鱉臑」圖
「鱉臑」，是四面都是直角三角形的四面體。

「重差術」，提出了以「割圓術」求圓周率的方法等等，這些成果顯赫一時。

在這諸多的成果中，最負盛名的，就是精巧絕妙的「割圓術」。

「割圓術」，是一種在極限理論下的技術，它是以圓內接正多邊形的周長能無限逼近圓周來求算圓周率的技術。這一技術，在當時可說是最先進、最科學的圓周率求解方法。

劉徽親自用這一方法求得了3.14與3.1416這兩個圓周率近似值，為當時世界上最精確的圓周率值。然而，在劉徽之後的兩百年左右，中國的數學界又出現了一位超級的數算大師──祖沖之，他把圓周率的計算提升到了一個遙遙領先於整個世界的高度。

祖沖之（西元四二九～五〇〇年），南朝傑出的天文學家、數學家、機械製造家。

文獻記載祖沖之所計算出的圓周率有「約率」與「密率」這樣兩個值，約率為 $\frac{22}{7}$，密率為 $\frac{355}{133}$（化為小數即為3.1415929203）。其中密率這個值，西方直到一千一百年以後才由德國的奧托與荷蘭的安東尼茲計算出。西方數學界都把這個率值稱為「安東尼茲率」，實際上應該稱之為「祖率」。

❶ 祖沖之像
這是南北朝時期傑出的數學家祖沖之。他把圓周率推算到小數點後七位的準確度，比阿拉伯和歐洲領先了一千年。

俗語說「虎父無犬子」，祖沖之也有一位數學家的兒子——祖暅。祖暅最突出的成就，就是在世界上最早提出了著名的體積公理並由此而得出了球體體積公式。

在歷史上，劉徽曾經天才地創造出了「牟合方蓋」的球體體積求算思路，但最終未能完成。計算能力超強的祖暅，沿著前賢的思路鍥而不捨地邁進，終於攻下了這一難度極高的課題，得到了著名的等積原理——「緣冪勢既同，則積不容異」（兩個幾何體在任何等高處的截面積都相等，則兩個幾何體的體積也相等），並由此而求得了球體體積公式：

$$V_{球} = \frac{4}{3}\pi r^3$$

祖暅發現的等積原理，在西方，直到十七世紀才由義大利數學家卡瓦列里發現，比祖暅晚了一千一百多年。過去，西方把這個原理稱為「卡瓦列里原理」，實際應該稱為「祖暅原理」。

除了上述的成就以外，還有像《孫子算經》中的「孫子問題」、《張邱建算經》中的「百雞問題」等，也都是世界著名的算題。如此諸多世界一流的數算成就，使得這一時期中國數學的領先地位更為顯著、更為突出了！

【知識百科】

劉徽「割圓術」

劉徽「割圓術」是從圓內接正六邊形每邊的長等於半徑出發，根據勾股定理，從圓內接正n邊形每邊的長，可以求出圓內接正2n邊形每邊的長。從圓內接正n邊形第每邊的長，還可以直接求出圓內接正2n邊形的面積。劉徽一直求到圓內接正192邊形的面積，得到圓周率 $\pi = \frac{157}{50} \approx 3.14$，這個靈敏值被稱為「徽率」。循著這個方法繼續前進，他又得到了 $\pi = \frac{3927}{1250} \approx 3.1417$。這是當時最精確的圓周率數值。

二、天文學大師的靈氣

卓越的天文學成就

▌儀器與星圖

　　承繼著兩漢的遺風，魏晉南北朝的天文儀器製造呈現出一派興盛的風光。

　　前趙的孔挺在西元三二三年製造了一架渾天儀，這架渾天儀本身並沒有什麼新奇處，但它卻是第一次在文獻中有了具體的結構紀錄，使得後世的人們能夠知道古代的渾天儀有些什麼基本構件。

　　這個時期最為著名的渾天儀，是北魏永興四年（西元四一二年）由晁崇與鮮卑族天文學家斛蘭主持製造的鐵渾天儀。這是古代中國唯一的一臺鐵製渾天儀，在它十字形的底座上開有十字形的溝槽，灌上水後，就成為了十字水平校正儀，是一個既簡單而又很精妙的創新。

　　這架渾天儀一直使用了三百多年，直到唐代才為更先進的渾天儀替代，但它的盛名卻留在了天文學史上。

　　與渾天儀相比，這時期渾象顯然更為豐富，更為多彩。三國時東吳的陸績、王蕃、葛衡；南北朝時，宋代的錢樂之、梁代的陶宏景等人都造過渾象，尤其是陸績與葛衡所製作的渾象特別有新奇感。

　　一般的渾象主體都是正圓形的球體，而陸績卻根據渾天說宇宙天地「狀如鳥卵」的說法，居然破天荒地真的把渾象主體做成了鳥蛋似的橢圓形。

　　那些曾經說過或信奉「狀如鳥卵」的天文家們，在面對眼前這臺真

●假天儀（模型）
這是宋代假天儀模型，全儀由渾象球和方櫃式的臺座組成。渾象球的球面上對應星位鑿成小孔，人坐在球體內，借用天然光線，便能形象地觀看星空。球體中軸置有把手，操縱把手，渾象球就能隨意旋轉，模擬星空運轉。

的「狀如鳥卵」的渾象時，卻都如好龍的葉公那樣不能接受這麼一個不倫不類的「創造」。於是，再也沒有人敢步陸績的後塵了。

其實，天殼根本就不存在，做成鳥卵形與做成正球體又有什麼本質的不同呢？更何況是有「狀如鳥卵」的說法在先，陸績只是想做得更逼真一些而已。卻不料這鳥卵形的天殼實在有些難以入眼，一番苦心引來了一片責難聲。

與陸績的境遇不同，葛衡的創新則博得了無盡的讚美聲。

葛衡比陸績還要別出心裁，他所造的渾象主體是一個空心的大球，球上按天體的位置鑿穿成孔竅，人能夠進入球體的內部，由裡向外看，透入小孔中的亮光就猶如天上閃爍的星光一般，極其逼真，極其生動。

這個構思絕巧的渾象，古人稱為「假天儀」，實際上就是現代天象儀的鼻祖，它是古代中華民族高度智慧又一個燦爛的結晶。

正因為假天儀是那麼的別致吸引人，所以後來各代屢有重製，成為當時天象演示的最重要儀器。

能有幸親睹渾象的畢竟只是少數，而且渾象也不利於搬動，於是，智慧橫溢的中國天文學家們又發明了星圖。

圖畫性質的天象描繪，早在原始時期就已經產生，但與天文學所用的星圖有著質的區別。中國的星圖，據說起源於蓋天說的演示圖——蓋圖。從蓋圖演變為星圖，大約是在漢代時期。而最終奠定這種圓形蓋天式星圖的，是三國時期孫吳與西晉時的太史令陳卓。

陳卓根據戰國時期甘德、石申、巫咸這三家所觀測到的恆星，匯總為一幅全天恆星圖，共收有二八三官、一四六四顆星。

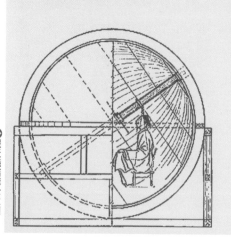

假天儀結構示意圖

原圖以紅、黃、黑三種顏色來表示三家不同的記載，後人似乎感到沒有
必要區分，也就只用單色標畫了。

陳卓所定的這幅三垣二十八宿體系的恆星圖，從此成為了古代天文
學的基準星圖，奠定了古代的星圖體系。

▌發現與突破

這一時期最卓越的天文學成就，是一系列的發現與突破。

歲差現象

什麼是「歲差」？

歲差是一種很特殊的現象，由於受到日月行星的引力影響，使得地球的
自轉軸方向始終有著極微小的變化，這就造成了地球上的節氣點也在不斷
地變化，使得地球上人們看到的太陽恆星年長度與回歸年長度產生了差別，
這就是「歲差」。

歲差現象的發現，經歷了相當長的時期。早在西漢末年，劉歆就發
現了冬至點有變動，東漢的賈逵把這個發現記錄了下來（見《後漢書·律
曆志》），東漢的劉洪也發現了這一現象，但他們都未能再進一步深究。

一直到東晉時的著名天文學家虞喜，才明確無誤地指明了這就是
歲差現象，並提出了五十年西移一度的歲差值。虞喜發現歲差現象雖然
比古希臘的喜帕恰斯要晚，但他提出的五十年西移一度的歲差值，卻比
喜帕恰斯所提出的一百年移一度的值更為精確。

大氣消光現象

您知道初升的太陽為什麼不像正午時那麼耀眼嗎？

東晉時的姜岌向世人揭示了這裡面的奧祕，原來是由於大氣消光
現象在起作用。當太陽初升的時候，由於地球上有「遊氣」遮擋了部分
的日光，所以就不那麼炫目。到了正午時，這種「遊氣」消散，日光完全

普照，就極其炫目耀眼。

姜岌的論述，雖然在深度上比不了現代的天文學理論，但在本質上卻已經沒有什麼不同了。

天體視運動不均勻性現象

北朝時期有一位很了不起的民間天文學家張子信，他自製了一架渾天儀，在一個海島上專心於天體觀測長達三十多年，終於獲得了突破性發現，揭示出了天體視運動的不均勻性現象。

張子信先發現了太陽視運動的不均勻性（古人稱為「日行盈縮」），即太陽在春分後運行得慢，秋分後運行得快。張子信把太陽在一年內的視運動速度變化詳細地列成表，成為中國古代最早的「日躔表」。繼而，張子信又發現了五星運動的不均勻性，也同樣一天一天地加以辨明。

天體視運動不均勻性現象的發現，是天文學史上一個劃時代的突破，它標誌著對天體的研究進入了一個更為精確與深入的新階段，對後世的曆法精進產生了質的影響。

交蝕推算精度的飛躍

日蝕與月蝕的推算，是古代曆法最主要的內容之一。它的精確與否，往往會決定一部曆法的命運。

當日月相交的時候，怎樣才會發生交蝕呢？

東漢的劉洪曾提出了「食限」的概念，也就是說：只有當日、月在這個區域內相交，才會發生交蝕。

張子信在長期的觀測後，更進一步發現：只有當月亮在太陽的北面時，才會在「食限」區域中發生交蝕，這是因為在觀測中有一個「視差」影響。張子信的這一發現，具有極為重要的意義，不僅使交蝕推算的精確度大為提高，對天體的更精確化觀測也大有促進。

▌曆法的精進

魏晉南北朝時期，由於政權迭出，使得曆法也特別多，總共大約有二十多部，占了整個古代曆法的五分之一左右。在這些曆法中，特別傑出的有三國時曹魏楊偉編製的景初曆、東吳採用東漢劉洪編製的乾象曆、南朝劉宋時祖沖之編製的大明曆，成就最高的自然要數大明曆了。

曆法是天文學成就的集中體現。在這一時期的曆法中，就集中體現出了這一時期諸多的天文學成就。

如，景初曆最先提出了交蝕虧起方位角與食分的計算方法，這是以往所沒有的。又如，中國在春秋時期形成的十九年七閏的閏周，在此後的近千年中幾乎被視為金科玉律，不容絲毫地改動。而北涼趙歐編製的元始曆，第一次勇敢地突破了舊的閏周，提出在六百年中，設二二一個閏月的新閏周。祖沖之的大明曆又提出了每三九一年中，設一四四個閏月的新閏周，使得閏月的設置更為精密。

大明曆的成就當然遠不止革新閏周這一點，除此以外，它的成就還有以下幾個方面：

首先，大明曆第一次將「歲差」發現編入了曆法中。

虞喜發現歲差以後，真正注重這一發現的並不多，也有的雖然很重視，卻沒有在曆法中加以引進（如何承天）。祖沖之第一次將它引入了曆法中，使得恆星年與回歸年從此成為了天文學的基本概念。

其次，大明曆第一次提出了「交點月」。

交點月是祖沖之的新發現，它是指月亮從黃道（太陽運行的軌道）與白道（月亮運行的軌道）的一個交點出發，在經過另一個交點後再回到起點所用的時間。

祖沖之還提出了他所測定的交點月長度1127.212223日，這是一個極為精確的數值，與現代精確值相比，只差了近一秒鐘，即誤差不到兩百七十萬分之一。

發現交點月，其意義在於能更精確地預測、推算日月交蝕的時間。實際上大明曆預測的日月交蝕，都得到了有效的印證。

第三，大明曆提高了天文常數精確度。

大明曆提出的回歸年長度是365.2428148日，與現代的精確值相比只相差四十六秒。

大明曆糾正了劉歆所測定的木星運行週期值，定出了八十四年走7$\frac{1}{12}$周天的新值，大幅度提高了精確度，與現代的精確值基本接近。大明曆給出的水星週期值與現代精確值基本吻合，即使是誤差最大的火星週期值，也在百分之一日以內。

有著如此先進水準的大明曆，遭遇卻十分坎坷。當祖沖之把這部曆法呈進給宋武帝時，遭到了當時的權臣戴法興的反對。

面對這位權勢熏天的寵幸大臣，祖沖之毫不畏懼，寫下了著名的《辨戴法興難新曆》（簡稱《駁議》），並且當著宋武帝與滿朝文武大臣的面，與戴法興進行了一場大辯論。這是科學史上一場極其激烈的脣槍舌戰，然而又是一場極其畸形的辯論。辯論的雙方，一個擁有科學的真理，一個擁有政治的特權。儘管戴法興講不出半點科學的道理，儘管祖沖之占盡了上風，大明曆仍然得不到施用。

一直到梁武帝天監九年（西元五一○年），在祖沖之的兒子祖暅的再次薦舉下，才啟用了大明曆，而這時離大明曆的誕生已經將近半個世紀，離祖沖之故世也有整整十年了。

與大明曆獲得的成就相比，祖沖之不懼權勢、堅持真理的精神更是千古流芳，無愧於科學巨匠的高風亮節！

三、《齊民要術》

世界首部農學「百科全書」

魏晉南北朝連年的戰爭與離亂大肆破壞、摧殘農業生產，在這個時候，湧現出了一部農業科學技術的「百科全書」——《齊民要術》。

《齊民要術》的撰著者是北魏的賈思勰，齊郡益都（今山東壽光南）人，曾做過高陽（今山東青州）太守。

賈思勰學識淵博且憂國憂民，他目睹了長期的分裂、戰爭、離亂對農業生產的破壞，目睹了國家的興衰與民眾的疾苦，深感發展農業對於強國富民的迫切性與重要性。於是，他奔走於黃河中下游的廣闊農業地區，考察各種農業生產情況，總結彙集前人的技術與經驗，最終撰著成了這部當時最為宏大的農學「百科全書」——《齊民要術》。

現在我們所能見到的這部著作，徵引各種前人的著作達近兩百種之多，僅此一點就可見這部著作規模的博大與用心的良苦。

《齊民要術》全書正文七萬字，注釋四萬字，卷首是作者的自序與〈雜說〉，正文分為十卷九十二篇：

卷一、卷二講述糧食作物、纖維作物、油料作物的種植，卷三講述蔬菜的栽培，卷四講述木本植物、果樹的培植，卷五講述林木與染料作物的種植，卷六講述畜牧與漁業生產，卷七至卷九講述釀造、食品加工與保存、烹調以及農副手工業技術，卷十講述一些非中國的物產。

由此可見，這是一部集大成的、總結性的、體系宏大完整的大型農學著作。它的成就，可以概括為以下諸方面：

首先，《齊民要術》使傳統的「天時、地宜、人力」農業理論更有系統、更完善、更深入。他指出：「順天時，量地利，則用力少而成功多」，否則就會「勞而無獲」。

《齊民要術》書影
賈思勰所著的《齊民要術》。

他把不同的農作物的播種、操作時間加以分類，分為上、中、下三時；又分析了各種土地品質情況，也分上、中、下三等。對人力更強調講究品質（實際上就是更注重技術），「寧可少好，不可多惡」。

天時、地宜、人力這一農業體系理論，早在戰國時期就已經產生，並有著對整個農業的指導作用。然而，這一理論的真正系統化、完善化，則是到了賈思勰的《齊民要術》才得以完成。透過賈思勰的努力，這一理論比以前更加深入、成熟，它的指導性地位更加穩固、強化。

其次，《齊民要術》對各項具體的農業技術作了全面的總結與新的發展。如，關於輪作制技術，書中詳細分析了各種作物的特性，指明那些作物可以輪作，那些作物不宜輪作。賈思勰對豆類作物在輪作中的作用特別重視，指出豆類作物是極好的前期作物。同時，對綠肥的作用給予了肯定，並指出「綠豆為上，小豆、胡麻次之」。

又如，在耕地技術上，賈思勰在〈耕田〉篇中提出，具體的耕作必須與墒情、地勢、季節以及各種管理環節相配合，這比強調單純的深耕遠要精深、複雜、進步。對此，賈思勰有許多具體的闡述，把耕地技術講得非常精細。

此外，對選種、施肥，直至收穫等等的全部環節，都有詳細的論述，對戰國以來的農耕技術作了總結和發展。

第三，《齊民要術》強調農業經濟必須全面發展。

農業在從原始時期誕生開始，逐漸形成為一個範圍廣泛的產業，以中國習慣說法，就是「農、林、牧、副、漁」（這其中的「農」單指農作物的種植業）。然而，由於糧食生產具有特殊的重要地

● **賈思勰像**

這是北魏時期傑出的農業科學家賈思勰。他在西元533至544年寫成了重要的農業科學著作《齊民要術》，為中國古代農業科學技術的流傳和發展作出了重大貢獻。《齊民要術》是一部科學技術價值較高的「農業百科全書」，目前已成為國際上研究中國農業發展最重要的文獻之一。

━━三國青瓷豬圈

這是在武昌大東門出土的三國時期的青瓷豬圈。豬圈做為
隨葬品，說明在三國時中國對豬的飼養已相當普遍。

位，使得「農」的範圍往往被人們誤縮得很小，
在戰亂時期尤其會如此。

　　《齊民要術》改變了這一狀況，除了詳細
講述糧食生產以外，同樣以大量的篇幅講述了蔬
菜、果木、染料、林木、香料等經濟作物的種植與家畜
家禽的飼養，以及各種家庭副業的經營等等。

　　如，對果樹林木的栽培，《齊民要術》專列兩卷來闡述，重點講述了
移栽、插枝、壓條、嫁接等技術。這些技術在當時的運用並不普遍，賈思
勰的總結顯然有較強的針對性。

　　除了以上所說的重要成就外，從文獻學的角度來看，《齊民要術》
也有著特殊的重要功績。前面已經講到《齊民要術》徵引的群書達到近
兩百種，其中有名可查考的有一百五、六十種，無名可考的還有數十種。
所有這些書中，後世已經有許多失傳了，這就使得《齊民要術》的引摘
有了保存文獻的特殊價值。如，漢代的農學名著《氾勝之書》，原書早已
佚失，後人總共才輯得十八條，其中十四條就輯自於《齊民要術》。還有
些書，歷史上甚至連著錄也沒有，依靠著《齊民要術》的引摘，才使後人
能一睹這些著作的些許風采。

　　像《齊民要術》這樣系統完善的農學「百科全書」，世界上其他國
家至少要再過三、四百年才出現，有的國家甚至直到一千多年以後才出
現。這也就是說，《齊民要術》又一次為中華民族爭得了極高的榮耀與聲
譽。

【知識百科】

《齊民要術》

　　全書共九十二篇，分成十卷，其中正文約七萬字，注釋四萬多字，共
十一萬餘字。其內容包括各種農作物的栽培，各種經濟林木的生產，野生
植物的利用，家畜、家禽、魚、蠶的飼養和疾病防治，以及農副產品的加工、
釀造和食品加工等。此書的科學價值很高，其中的許多記載比世界上其他
先進地區的相同農業經驗要早三、四百年，甚至一千多年。

四、煉丹術

神仙殿堂裡的化學先驅

化學，是人類最奇幻的科學。

當人類第一次用火，當人類燒製出第一件陶器，當人類第一次冶煉出金屬，化學就在這些領域中萌生了起來。

但真正可以被認為能夠形成為化學學科的先驅，則是古代的煉丹術。這雖然似乎有些難以置信，然而卻是千真萬確的歷史事實，而且是全世界很普遍的歷史事實。

古代中國正是世界煉丹術的發源地，正是在東方的神仙殿堂中，最先演繹、孕育著人類最複雜奧妙的科學內涵。

▍煉丹術的產生與形成

早在戰國時期，東臨大海的燕、齊地區就產生了一個獨特的宗教派別——神仙家。這個派別以追求長生不死為最高宗旨，而追求的手段，就是所謂的「不死藥」。

早期的不死藥，多為金、玉、丹砂等。除黃金外，玉和丹砂都是天然的。但黃金既然是煉製出來的，玉和丹砂能否再煉化呢？

煉化的結果表明：玉石無法再煉化，而丹砂則大有奧妙。橘紅色的丹砂（硫化汞），經過煉製能還原為銀白色的汞。古人以為這也是金，於是就有了「化丹砂為黃金」的說法，而這就是最早的煉丹術。

● 葛洪像

中國古代著名煉丹家葛洪，在綜合前人經驗和總結自己幾十年煉丹實踐的基礎上，寫成《抱朴子》一書，書中積累了大量物質化學變化的經驗和知識。他使用過的煉丹原料已達二十多種。他還觀察到鐵置換銅、鉛的氧化還原以及汞和硫化汞的互變等化學反應。

● 煉丹引爆圖

煉丹活動對火藥的發明有著重要的作用。煉丹術所用的原料種類很多,其中有硫磺、雄黃、雌黃、硝石等。三黃與硝石煉製,稍不慎即迅猛燃燒、爆炸。煉丹家發現了這種現象,著書以記並引為警戒。東漢魏伯陽的《周易參同契》中就已有所記述。

　　神仙家在西漢時期發展成了方仙道,煉丹的風氣更盛旺流行,連漢武帝也親自祭灶開爐,漢宣帝盡力「復興神仙方術之事」,煉丹成為一時的風尚。

　　到東漢的順帝與桓帝(西元一二六～一六七年)時,產生了第一部煉丹術著作——《周易參同契》。作者是魏伯陽,全書共約六千字,是一部以煉丹理論為主的著作。它的誕生,標誌著煉丹術形成了!

　　東漢末年,方仙道又演變成為了中國本土的宗教團體——道教,這對於煉丹術的發展有著巨大的推動作用。

　　到了東晉時期,出了一位道教的著名人物——葛洪,他是一位著名的醫學家與煉丹家,他的《抱朴子‧內篇》中有〈金丹〉、〈仙藥〉、〈黃白〉三卷,專門記載煉丹術。特別是〈金丹〉卷,講述的是礦物煉丹技術,所涉及的藥物有水銀、硫磺、雄黃、雌黃、礬石、戎鹽、曾青、鉛丹、丹砂、雲母等,可知這時的藥物已經比早期增加了許多。

　　南朝梁代的陶弘景是又一位煉丹家與醫學家,影響極大。只是他的著述大多失傳,他關於煉丹的論述後人幾乎沒見到。

　　葛洪與陶弘景只是當時煉丹術的代表人物,而更重要的是晉代與南北朝正是煉丹術開始進入高潮的時期。

● 製取水銀的蒸餾器圖

這是南宋時《丹房須知》一書中所載,製取水銀的蒸餾器圖。下部為加熱爐,上部是盛藥物的密閉容器,旁邊有一管道,可使水銀蒸氣流入旁邊的冷凝罐中。這種蒸餾器已相當完備,它是中國古代煉丹家進行化學實驗的一種設備。

煉丹術與化學

古代的煉丹術依方法的不同，分為兩個大類：一類是透過加熱使固態物質發生反應，稱為火法；另一類是透過溶解固態物質再發生反應，稱為水法。這兩種方法，也是現代化學反應最基本的形態。

當時所煉的丹藥，主要有哪一些呢？

1、大還丹（又稱神丹、大丹、九轉丹、九鼎丹等）。

還丹，是指以人工的方法還復汞為丹砂。但當時的還丹，有可能是單純的丹砂（HgS），也可能是鉛丹（Pb_3O_4）或汞丹（HgO），還可能是各種丹藥的混合物。

2、五靈丹（又稱五石丹、五石散、寒食散等）。

五靈丹是以丹砂、磁石、曾青、雄黃、礬石（一說為礜石）五種原料煉製而成，成分較雜，但由於雄黃（As_2S_2）與礜石（$FeAsS$）中都含有砷（As），而砷化物都有劇毒，所以服用五靈丹的人有可能出現中毒狀況甚至死亡。

3、白靈丹（又稱粉霜、水銀霜、霜雪、白雪等）。

靈丹是汞的氯化物粉狀結晶體，主要成分為氯化亞汞（Hg_2Cl_2，俗稱甘汞）和氯化高汞（$HgCl$，俗稱升汞），其他的神仙水銀霜、五色粉霜、水雲銀、流丹白雪等丹藥成分也主要是這些。

白靈丹是以水銀、食鹽為主要原料，再加一些氧化劑和催化劑而煉製成的。其他還有如鉛粉（胡粉P_bS）、鉛霜（玄白、玄霜P_bCO_2）、黃丹（P_bO）等。

在這些丹藥的煉製中，化學製造的設備與技術也同時形成、成熟起來。如汞的提煉，是以丹砂經低溫焙燒後製取水銀，但這個方法的效率較低，而且容易中毒，於是就有蒸餾法產生了出來。蒸餾法，具體又有「上火下凝法」與「下火上抽法」的不同技術，使得生產水準得以不斷地提高。

又如，黃金的溶解，這在古代時期要做到是一件極不容易的事。現代化學技術下的黃金溶解，有四種方法，中國古代的煉丹家們已經掌握了其中的兩種：一是溶於水銀，生成金汞齊；二是溶於鹼金屬氰化物的稀溶液中，生成二氰金酸根絡離子「Au (CN)₂」。這兩種方法，在東晉至南北朝時期就已經被人掌握了，反映出當時化學水準的高超。

在煉丹中，古人匯集起了一些專用的名詞，僅這些名詞也可以看到當時所掌握的化學技術。如：

飛升：飛升也就是現代化學所說的「昇華」，在容器下部微微加熱，藥物會揮發而在蓋部凝結。水銀的提煉，用的就是這個技法。

水飛：是將礦物藥物在水中研磨至極細的粉末，再沉澱後倒去清水，曬乾成粉。這個技法既可以去除礦石藥物中的某些可溶性物質，也可以不使粉塵在空氣中飛揚。

抽法：是將藥物放在蒸餾器中加熱，藥物氣化後經導氣管進入冷凝器凝結為液體的「精華」。水銀的提煉，大多採用這個方法。

伏火：對某些藥性過於猛烈的藥物，煉丹家們採用先加熱片刻或短暫燃燒（起火即停）的方法，以使藥性消弱柔化，這就是伏火。火藥，就是伏火處理中所產生的新成果。

點：所謂「點」，就是指加入藥物的量要精細地加以控制，就像畫龍點睛一般。這一般用在不要過剩的反應中，如，在銅的溶液中「點」入少量的砷，製成砷化銅。

轉：這是指一些可逆雙向性反應的連續往復進行，以使藥物純而更純，古人稱之為「脫胎換骨」。如，在大還丹的製取中，就大多採用此法。

養：大多是用穀糠為燃料，在容器外作無火焰燃燒以長時間微加熱，使容器中的藥物不過於激烈地反應。

煅：煅與養正相反，是用猛火煅燒而使容器裡的藥物進行激烈的快速反應。

關:「關」就是關閉,是將藥物混合後放置起來(或埋入地下),讓反應自動進行。如,用鹼金屬氰化物稀溶液溶解黃金就採用這個方法。

淋:是用水淋洗藥物,把溶液與殘渣分開,再將溶液蒸發乾以製取結晶。

其他還有一些,這裡不再一一列舉。僅舉這樣一些技法,就可以看到許多現代化學的蹤影。

▌煉丹術的西傳

正當中國的煉丹術如火如荼一派興旺的時候,西方世界又是什麼樣的景象呢?

這時的西方,只有煉金術而沒有煉丹術。

西方的煉金術起源於古希臘的亞歷山大城,是他們獨立發明的還是從中國學到的,現在還不是很清楚,但沒有煉丹術則是無疑的。

西方後來流行的煉丹術是從中國傳入的,這是可以肯定無疑的。

中國的煉丹術先傳到了阿拉伯,然後再傳到了歐洲。

在西元八世紀的阿拉伯一些著作中,開始出現有關煉丹術的內容,這表明:至遲在西元八世紀時,煉丹術已經傳到了阿拉伯。而向西傳的開始,肯定還要早得多,也就是說,很可能在魏晉南北朝時已經開始了這種西傳,只是悄然無跡而已。

西元一一八七年,義大利人克瑞蒙納基拉爾用拉丁文翻譯了阿拉伯人拉茨的《秘書》,煉丹術正式傳到了歐洲。在煉丹術的基礎上,終於產生了近現代的化學科學。

因此,可以毫不過分地說:中國的煉丹術是近現代化學科學的先驅,正是中華民族的智慧與膽識創造出了這個先驅。

這是中華民族對世界科學又一個重大的貢獻!

五、「製圖六體」與《水經注》

地理學雙璧輝映

魏晉南北朝的地理學成就,以裴秀的「製圖六體」理論與酈道元的《水經注》一書最為耀眼奪目,成為這時期地理學成就的標範。

▌裴秀與「製圖六體」

裴秀(西元二二三~二七一年),字季彥,河東聞喜(今山西聞喜縣)人。裴秀出生在一個官宦世家,自幼受到良好的教育,加之他自己的聰穎好學,少年時期已經頗有才名。

成年後的裴秀,襲任父親的爵位,踏入官場,擔任過尚書、尚書僕射、廷尉正、尚書令、司空等職位。

他在擔任司空(相當於宰相)一職後,除了負責一般政務外,還掌管國家的地圖與戶籍。博識好學的裴秀,對這些地圖十分地關注,在政務之外花了極大的精力去流覽、體察這些地圖。

然而,初步的流覽、體察,使裴秀十分不滿。由於戰爭與動亂的破壞,秦以前的地圖都已經見不到了,所能見到的,「惟有漢氏輿地及括地諸雜圖」,而且這些地圖大多十分簡單粗陋,有些甚至是「荒外迂誕之言,不合事實,於義無取」。

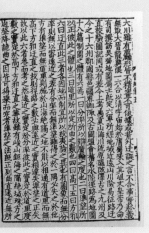

古代中國的地理學,歷來都以《禹貢》的記載為綱,但到西晉時期,地理狀況已經有了很多的變異。而一些學者失於考察,牽強附會,亂作解說,造成了新的混亂。

面對如此混亂的狀況,裴秀決意親自動手,重新製作新圖。

裴秀對《禹貢》的記載作了詳細地考訂,從九

《晉書·裴秀傳》書影
這是《晉書·裴秀傳》有關「製圖六體」的記載。裴秀明確提出編製地圖的六條原則,那就是分率、准望、道里、高下、方邪和迂直。這些製圖原則是繪製平面地圖的基本科學理論,它一直影響到清代以前中國傳統的地理製圖學。

壹

貳

參

肆

伍

陸

州的範域到具體的山脈、河流、湖泊、沼澤、平原、高原，都一一考察落實。同時，他又結合當時的實際情況，探明了歷代的地理沿革，連古代時期的諸侯結盟地與水陸交通也一一摸清。對於自己暫時確定不了的，就「隨事注列」，絕不敷衍了事。

最後，裴秀終於製成了著名的《禹貢地域圖》十八篇，成為歷史上最早的地圖集。這些地圖都是一丈見方，按「一分為十里，一寸為百里」的比例（即1：1800000）繪製而成。無疑，這是當時最完備、最精詳的地圖。然而，裴秀繪製的這套地圖集後來又失傳了，現在我們能見到的，只有他為這套地圖集所撰寫的序言（見《晉書‧裴秀傳》）。在這篇序言中，保存了他的「製圖六體」理論。

「製圖六體」理論，是裴秀對前人製圖經驗的總結，也是他個人心得的紀錄。「製圖六體」，是指地圖繪製的六條基本法則，即：分率、準望、道里、高下、方邪、迂直。

分率，就是現代所說的比例，這是地圖繪製的第一要素，否則整幅地圖就毫無準確性可言。準望，是指方位關係，無論是什麼地理物體，在地圖上都必須忠實於實際的地理方位。道里，是指任何物體間的距離都必須標示準確。

高下、方邪、迂直是指各種複雜的立體地形必須準確地表示出非直線之間的距離，如在山上的物體，如曲折的道路等，要準確地表示它們投影在平面上的距離，在古代時期是很不容易做到的，因為在當時還沒有投影幾何學。中國古代解決這個難題，是用了傳統數學的「重差術」。

裴秀所總結的「製圖六體」理論，在古代中國有著極為深遠的意義。可以說，一直到明代末年傳教士將西方近代地圖傳入中國以前，這個理論始終是古代地圖繪製的指導性法則。

▊酈道元與《水經注》

酈道元（西元四六六或四七二～五二七年），范陽涿鹿（今河北涿

縣)人。酈道元出生於官宦世家，從小受到良好的教育，使他很早就打下了紮實的學術功底。

成年後的酈道元，繼承祖業而走入了官場。他為官十分嚴厲，「執法清刻」，「素有嚴猛之稱」，所以從地方盜賊強豪到朝廷皇族大臣，對他都十分惱恨，最終遭到暗算，他和弟弟及兩個兒子都死於非命。

從少年時期起，酈道元就曾跟隨父親到山東遊歷過。做官以後，又陸續到過河南、山東、山西、河北、安徽、江蘇、內蒙等地。每到一地，遍歷名勝古蹟，考察水道流向，驗證文獻記載，他的地理學知識很快地豐富了起來。

三國時期，有一位桑欽寫了《水經》一書，記述當時主要的一三七條水道，全書一萬多字，記載極為簡略。酈道元感到這部著作涉及的地域遼闊，可以補充的餘地極大，所以在諸多的地理學著作中選擇了這部本就很不起眼的書來下工夫。

為了寫好這部書的注釋，一方面，酈道元查閱了大量的文獻，後來在書中直接引用的就達四三七種之多；另一方面，他又親自進行實地調查，請教當地的老百姓，積累起第一手資料。最終，他在一萬多字的原著基礎上，寫成了一部共有四十卷、三十萬字的鴻篇巨著，所記載的河流達到了一二五二條。因此，書名雖為「注」，但實際上是重新創作。

在中國地理學史上，《水經注》是一部極為重要、極有價值的地理學要籍，在許多方面有著獨特的風格與價值。

在寫作體例上，它與《禹貢》及《漢書·地理志》這樣歷來被奉為圭臬的著作不同，是以水道為綱來展開。雖然這並不是酈道元的首創，但這種體例的確立，卻是應該完全歸功於本書。

從地域範圍來看，當時正處南北分裂狀態，但身處北地的酈道元並不偏於一隅，而是儘量顧及全國，甚至把視角延伸到了其他國家。全書涉及的範圍北面到達今天的蒙古境內，東北到今天的朝鮮浿水（大同江），西南面到達扶南（今越南與柬埔寨）、新頭河（今印度的印度河），西面到達安息

（今伊朗）、西海（今鹹海）。這樣廣闊的範圍，可以說在古代中國是絕少再有能夠相與匹敵的。

從具體內容上看，全書是以水道為綱，對每條水系的發源地、流經地域、支系叉道、變遷情況，特別是北方的水系等等，都有詳細的記載。全書是古代水文地理的絕代寶庫，直至今天以至未來，也仍然有著相當的借鑑作用。

除了水文地理以外，全書對沙漠、山脈、丘陵、火山、溫泉、喀斯特地貌、溶洞、峽谷等等自然地理情況，也有豐富的記載，其內容顯得格外的生動、細緻，顯示出是作者親臨觀察之所得。此外，書中對於水利工程與農田水利的記載也相當豐富。在記述各條幹支河流的同時，記載了有關的陂、塘、堤、堰與運河、管道等興廢變化與開鑿狀況。

本書沿襲了其他歷史地理著作的遺風，對流域附近的經濟、風俗、文化同樣有詳細而豐富的記載，讀來猶如遊記一般，一掃某些純學術性著作的乾澀、枯燥之風。

本書也有不足之處，但這主要是由於當時南北分裂與酈道元個人精力所限而造成的。瑕不掩瑜，毫不損害它在古代中國地理學史上的崇高地位。

不僅在中國，就是在全世界，《水經注》也有著極高的地位。西方像《水經注》這樣有系統、完備的水文地理著作，並能與之相媲美的，直到十六世紀才出現，比《水經注》足足晚了一千多年。

【知識百科】

由《水經注》到酈學

在《水經注》問世以後，引起了後世許多學者的關注，深入研究者有之，仿而繼踵者有之。特別是對它的研究尤為熱烈，許多著名的學者如全祖望、趙一清、戴震、王先謙、楊守敬都在對《水經注》的研究中取得了重要的成果，形成了一門蔚為可觀的專門學問——「酈學」，成為古代地理學的一個重要分支。

六、能工巧匠爭奇鬥豔

古代機械製造的輝煌

魏晉南北朝時期的手工業，是又一個「亂世出英豪」的領域。

這時期在冶鐵業創造出了灌鋼法，在陶瓷業青、白兩個體系的瓷器更為成熟，在紡織業織錦與刺繡發展迅速，在建築業出現了前所未有的佛教建築——寺院、寺塔與石窟（特別是石窟，更是宗教建築與藝術的成功結合，其數量與藝術品質都遠遠超過了佛教的故鄉印度）。

然而，這個時期最為耀眼的景觀，卻是出現在機械製造業。一時，能工巧匠競相湧現，奇思異想爭相鬥豔，成為當時最為燦爛的一道風景線，也成為古代中國機械製造史上最為輝煌的一個時期。

▌天下名巧——馬鈞

您還記得我們在第一章第一部分中為您介紹的上古時期的發明大王「垂」嗎？

馬鈞就是繼垂之後的又一位絕代名匠、機械大師。

馬鈞，字德衡，三國時期曹魏扶風（今陝西興平）人。幼年時期的

🔹洛陽龍門石窟

這是著名的洛陽龍門石窟，是北魏遷都洛陽後開始開鑿的，工程延續了四百多年。現存石窟1352個，佛像97000多尊。這些佛像表情生動、雕刻刀法圓純精緻，背景還常以廟宇、樓閣等浮雕作為陪襯。它們不但是難得的藝術珍品，也為建築史研究提供了寶貴的資料。

馬鈞，恐怕很少有人會誇他聰明的，因為他從小就口吃。出身貧寒的家庭，居住在窮鄉僻壤，使他沒有機會接受很正規、有系統的教育。

然而，這位沉默寡言、毫不引人注目的馬鈞，卻有著善於動腦、勤於動手的優秀特質，加之他長期生活在民眾中，使他有機會接觸到實際的機械用品，為他日後進行技術革新與創造打下了基礎。

馬鈞生活的時代，正是曹操統一北方以後，宣導屯田，獎勵農耕，興修水利，發展生產，以圖統一全國的時期，這為馬鈞的機械改革與製造提供了較好的客觀條件。

馬鈞最先改革的，是絲織所用的織綾機。

當時所用的織綾機，是西漢陳寶光的妻子創製的一種提花織機，大約六十天能織一匹散花綾。一匹散花綾的價值，在當時能賣到「萬錢」，可見這部織機還是較為先進的。

但馬鈞對這部織機的工作效率與操作的複雜費力仍不滿意，他仔細研究了這部織機後，反覆進行改進，最後成功了。

原來的織機是「五十綜者五十躡」或「六十綜者六十躡」，馬鈞把它們都改成為十二躡，這樣不僅大大節省了勞動力，而且提高了生產效率（效率一下子提高了幾倍），並且織出的圖案有了更多的變化，品質也明顯的提高。

在初試一舉成功後，馬鈞信心大增，開始了新的進軍。

當時農村的提水灌溉工具，主要是桔槔與轆轤。但這兩種工具的效率都較低，一般的生活生產用水還能應付，一旦大量的灌溉乃至抗旱所用就明顯不行了。

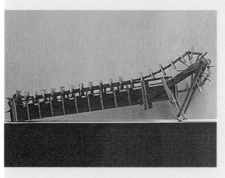

◉龍骨水車模型
龍骨水車復原模型。

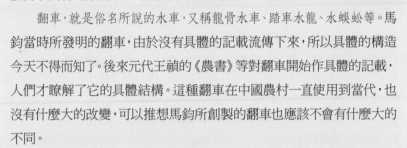

●指南車（模型）

這是三國時馬鈞創製的指南車（模型）。它利用齒輪傳動系統和離合裝置來指示方向。在特定條件下，車子轉向時木人手臂仍保持指南。

馬鈞在研究了所有的灌溉工具之後，感到都無法使它們大幅度地提高工作效率，於是決定創製一種新的高效率的提水灌溉機械。這次，他又獲得了成功，創造出了一種嶄新的灌溉機械——翻車。

翻車，就是俗名所說的水車，又稱龍骨水車、踏車水龍、水蜈蚣等。馬鈞當時所發明的翻車，由於沒有具體的記載流傳下來，所以具體的構造今天不得而知了。後來元代王禎的《農書》等對翻車開始作具體的記載，人們才瞭解了它的具體結構。這種翻車在中國農村一直使用到當代，也沒有什麼大的改變，可以推想馬鈞所創製的翻車也應該不會有什麼大的不同。

這種翻車大體可以分為兩個大的部分：一部分是樹立在河岸邊上的門架，中間橫有扶桿，下部橫設轉軸，軸的中心有齒輪，齒輪兩側裝有踏板。另一部分是木製的長槽，槽中間是回形的龍骨（木鏈條）串板。長槽一頭放入河水中，一頭靠在岸上。龍骨串板一頭繞在橫軸的齒輪上，一頭繞在水中的長槽頭上。這樣，人一踩動踏板，橫軸就帶動龍骨串板運動起來，將河水連續不斷地提升到岸上來。

這種看似有些土氣的翻車，在當時卻是世界上最先進的提水灌溉

【知識百科】

翻車

翻車，俗名稱水車，又稱龍骨水車、踏車水龍、水蜈蚣等，是一種灌溉工具，最早由東漢靈帝時的畢嵐發明，三國時馬鈞予以完善和推廣。它由手柄、曲軸、齒輪鏈板等部件組成。最先以人力為動力，後擴展到利用畜力、水力和風力。它製作簡便，提水效率高，一直使用到現在。

工具。後來又出現了畜力翻車與風力翻車、水力翻車,並一直使用到當代才為抽水機所替代,足見馬鈞這項發明所具有的實用價值與漫長的生命力。

指南車,相傳是中國西漢時期發明的機械定向車。據稱不管車輛怎麼行走,車上站立著的一個木人,它的手臂總是指向南方。

但這種指南車後來失傳了,到了馬鈞的時代,只有一些傳說而已。於是,相信的人也有,懷疑的人也有。

魏明帝時,馬鈞已經在朝廷中擔任了給事中的官員。事有湊巧,一天,馬鈞與一些官員正好談起指南車的問題。當時的散騎常侍高堂隆和驍騎將軍秦朗都不相信古代真有什麼指南車,馬鈞則表示不能這麼說。於是,高、秦兩人對馬鈞進行了一番人身攻擊,說他連說話的輕重都分不清,還談什麼製造。馬鈞對此侮辱並不屈服,當即表示要重製指南車。結果,魏明帝也知道了這件事,就正式下令馬鈞重新造車。

馬鈞在沒有什麼重要資料可借鑑參考的情況下,經過刻苦的鑽研與工匠們的群策群力,終於複製成了久已失傳的指南車。這一下,整個天下都「服其巧矣」,高、秦兩人也同樣只能折服。

但當時對指南車真正重視的人並不多,所以這臺車子不久又失傳了,而且又一次沒有將具體的結構記錄下來。

在馬鈞之後,複製指南車的人不少,如祖沖之等人都獲得了成功,但卻一次又一次地沒有將具體的結構記錄下來。一直到宋代的燕肅和吳德仁複製成功後,才在《宋史》中對它的結構有了記載。但這是否與以

● 獨輪車(模型)

這是漢代製造的獨輪車(模型)。它由一人推動,雖然穩定性差,但對道路條件要求低,適合在半山區和農村田間使用。

前的結構都一樣，就不能肯定了。五〇年代，中國歷史博物館也曾成功
複製了指南車，可以給現代的人們更直觀、更具體的了解。

就在指南車複製成功以後不久，有人向朝廷進獻了一種「百戲」木
偶，魏明帝十分喜歡，但又可惜這些木偶不會動，於是下令馬鈞把它們
改成會動的。

馬鈞做了一個大的木輪，這個木輪水準放置，用水力推動，輪上的
木偶也就各有特點地動起來，或擊樂器，或歌舞，或表演雜技，或舂米
磨麵，或鬥雞雜耍，多姿多彩，博得了魏明帝的更大歡心。

馬鈞還設計過一種新的攻城武器——轉輪式連續拋石機，並計畫
改進諸葛亮創製的連弩機，然而當權者對此不感興趣，於是也都不了了
之，以至馬鈞的好友、著名文學家傅玄為之感嘆、惋惜不已！

然而，為民族作出了卓越貢獻的人們，整個民族絕不會忘記他們，
馬鈞的英名也將為中華民族所永遠傳頌。

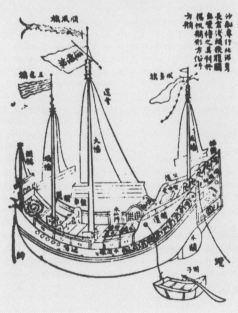

中國沙船

這是中國沙船。中國是世
界上造船歷史最悠久的國
家之一。在歷史上，中國
木船船型豐富多彩，估計
有千種左右，沙船是其中
最著名的船型之一。沙船
在性能方面有不少優點，
如底平，吃水淺，幾乎不
受潮水影響，又不怕擱淺，
比較安全，在快航性、穩
定性、適航性和耐浪性方
面都很良好，這些都是中
國古代船舶技術高度發展
的標誌。

▌車船兵器的革新

凡是看過《三國演義》的人，有誰不知道「木牛流馬」呢？它是那麼的神奇，又怎麼不會讓人們留下深刻的印象呢？

但小說畢竟只是小說，藝術不能等同於史實。

史料是怎麼記載的呢？

根據《全三國文》引〈蒲元別傳〉的記載，木牛實際是由他發明的。

這位蒲元，是一位有著高深技能的人物。相傳他在斜谷為諸葛亮鑄刀三千把時，說漢水的水質太弱，不適宜淬火，要手下的人到成都去取蜀江的水。但取來以後，蒲元一看就說這是雜水，手下的人堅持說不雜。蒲元用刀一劃水，就說這水滲入了八升其他的水。這時，手下的人才為之折服，說出了實情。原來，手下的人在涪津倒翻了一些，就用涪水八升補足。

《全三國文》引〈蒲元別傳〉關於他發明的「木牛」，記載得十分簡短平實，毫無神奇色彩——「廉仰雙轅，人行六尺，牛（即木牛）行四步，人載一歲之糧也。」

現代人們所關心的是這木牛究竟是什麼樣的運輸工具。從宋代起，就有許多的推測說法，到現代仍是一個千古難題。

現今大多的學者，都認為「木牛」只是一種獨輪車。因為古代時期的

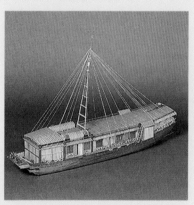

● 汴河客船（模型）

這是汴河客船模型。船為平首平尾平底。船弦由板材銜接，以鐵釘加固。船中部立人字型縴桿，供人力拉縴用，可以隨意放倒或豎起。船首甲板設木絞車，是操錨的處所。船尾安裝平衡舵以控制航向。

車輛原來都是兩輪的，在崎嶇的山路小道上行走極不便利，而獨輪車卻能顯示出獨特的優越性。至於這車的外形是「牛」還是「馬」，則是次要的。

當然，這也只是大多人的看法，是否絕對正確，仍然還在討論中。人們正在努力，為解決這個千年難題而努力著！

赤壁大戰的熊熊烈火，曾燃定了三足鼎立的歷史格局。在這場大戰中，「南人善水」的俗話獲得了又一個有力的證明。所謂「善水」，自然也包括「善船」在內。

當時的孫吳王朝，擁有戰船五千多艘，能夠上達遼東，下通南海，最大的船艦有五層之高，一次載人達三千以上。

後來晉人計畫滅吳，但苦於沒有大船，就只好將許多小船拼成一艘大船，「方百二十步，受二千人」，稱為「連舫」。到東晉時期，建康地區在一次大風災害中，遭到毀壞的船隻有一萬艘左右。

這些都表明了當時造船業的發達與造船技術的高超。

到了南朝的劉宋王朝，著名的科學大師祖沖之曾製造出一種名為「千里船」的船隻。據記載，船隻造好以後，曾在新亭江（今江蘇江寧南）進行過試航，結果一天能走一百多里，這樣的速度在當時簡直難以想像。

「千里船」怎麼會擁有如此快的速度呢？

人們在文獻中沒有記載它的結構奧祕，後世大多的人認為，「千里船」極可能是一種裝有人力輪槳的「車船」。

在文獻中有明確記載的「車船」，出現在《舊唐書‧李皋傳》中。

李皋是唐太宗的裔孫，雖然為當時名將，但也很有創意，善為敧器。他所造的戰船，「挾二輪蹈之」，顯然就是「車船」。這時，離祖沖之只有一百多年，因此，祖沖之的「千里船」為「車船」的可能性是完全存在的。

在南梁的侯景軍中，還出現過有一六〇槳的超高速快船塢了，可以稱為一船槳數之最了。此外，這時期連綿不絕的戰爭，也使得兵器製造的技術得以長足的發展。

在小兵器方面，由於冶鐵煉鋼技術的提高，刀劍等冷兵器的強度與銳利大為提高。而技術進展最大的，則是弩機。

弩機至晚在戰國時期已經出現，而且很快就普及化了。三國時期，諸葛亮對弩機中的連弩進行了改進，「以鐵為矢」，「一弩十矢俱發」，使得弩機的威力大增。這種弩機傳到曹魏以後，馬鈞說還可以改進，只是未能得到支持而作罷。

除了連弩外，晉代還出現了大型的弩機——萬鈞神弩，這種強弩的穿透力特別強，殺傷力特別大。

在大型的攻守器械方面，火車、發石車、鉤車、蝦蟆車等在軍隊中普遍而大量地使用，使得戰爭變得格外地激烈。

南梁的侯景在製造攻城器械方面特別有造詣。他曾造出了「百尺樓車」、飛樓、撞車、登城車、鉤堞車、階道車、火車等等，使得整個軍隊的進攻能力有了極大的提高。

兵器是一類特殊的器械，人類的智慧在這裡換來的，究竟是災難的擴大還是和平的儘快到來，誰也無法說清楚。儘管人類總在渴望徹底消滅戰爭的到來，然而只要戰爭還沒有徹底消滅，人們不得不斷地充實自己的武器庫。

這是困惑著人類一個莫大的千古難題！

盛世演盛況
（隋唐五代時期）

　　秦漢是中國君主社會最早的一統帝國時期，地主階層正初露鋒芒，整個社會處在蓬勃向上的發展階段。而隋唐已是君主社會發展到鼎盛階段的時期，一切都處在興旺盛世之中。大漢與大唐，同樣的盛世卻有著不同的內涵與性質。

　　大唐達到繁榮與興盛的程度，是兩漢遠遠不能比擬的。大唐可以説是中國君主社會鼎盛的象徵，也是整個古代中國鼎盛時期的象徵。

　　盛世時期的科學技術，同樣也是一派盛況。這種盛況，可以説是空前地充盈在每一個領域，呈現為全面的興盛。

　　與上一個時期相比，盛唐時期的科學技術發明創造相對少了一些，而把前代發明創造應用於生產與生活達到空前的程度，是這一時期的最大特點。

一、糧滿天下倉

實實在在的農業

在歷經了三百多年的戰爭與離亂之後，一統天下的隋、唐王朝都不約而同地把恢復、發展農業生產放在了首要地位。

在國家政策上，隋唐兩代都努力推行新的土地政策，減輕賦稅徭役，讓天下蒼生得以休生養息。兩朝政府還都把農業與人口的增長做為官吏的考核標準，達不到指標就要受到處罰。

安定的政局，有利的政策，使得隋唐時期的農業生產得以迅速地恢復、發展。隋朝初年，很快就「庫藏皆滿」，大唐盛世時，糧食更是多得「陳腐不可校量」。

二十世紀七〇年代初，洛陽隋唐兩代的著名府倉——含嘉倉被發掘了出來，共有大大小小的窖庫二五九個，每個窖庫都可以藏糧數十萬斤，全倉的藏糧之巨也就可想而知了。而當時這樣的國家巨型糧倉還有

●**隋代大運河圖**

這是隋代大運河圖。大運河建於隋煬帝時，主要用於運糧食，是中國歷代南糧北調的主要通途。大運河工程浩大，動用數百萬民工，全長四五千里，溝通了海河、黃河、淮河、長江和錢塘江五大水系，是世界水利史上最偉大的工程之一。從設計、施工到管理，要涉及測量、計算、機械、流體力學等多方面的科學知識，它的完成和通航反映了中國古代勞動人民的聰明才智和創造精神。

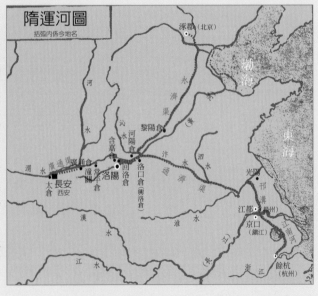

隋運河圖
括弧內係今地名

涿郡（北京）
渤海
東海
永濟渠
沁水
黎陽倉
河陽倉
含嘉
洛口倉（興洛倉）
回洛倉
洛陽
廣通渠
通濟渠
潼關倉
太倉
長安 西安
渭水
漢水
汴水
通濟渠
泗水
河水
光陽
邗溝
江都
清
楚州
京口
（鎮江）
江南河
餘杭
（杭州）
浙江
江水
淮水

明清時代的運河圖

這是元、明、清時代的運河圖。由於元、明、清三代都定都北京,因此運河自元代開始截彎取直在山東境內開鑿了運河東線。但這段地勢較高,不易通航。後來採用了汶上老船工白英的建議,採取了築壩、開河、導泉、挖湖及建閘等方法,提高了水位,增加了水量,才良好地解決了南北大運河的通航問題。

多處,再加上地方政府的糧倉,可知天下的藏糧確實夠富足的了!在唐朝建立二十多年後,隋朝的庫存糧還沒有用盡,足以讓人知曉當時糧食生產的豐足程度。

這時期農業的發展,從科學技術角度來看,首先是得益於農田水利的發展。

從三國到南北朝的三百多年中,農田水利建設基本上處於停頓的狀態,因此,隋唐兩代對水利事業就格外地下工夫。而且,與以前水利建設主要在北方地區開展不同的是,隋唐時期的水利建設遍布全國。

造成這種態勢的原因,是由於從東漢末年開始,北方地區的人口出現了大量南移的趨勢,南方的農田開發與農業生產得以迅速地發展。因此,水利建設在南方地區也有著迫切的需要。

隋代最大的水利工程,就是著名的大運河。

隋文帝時期,在前代的基礎上,政府先開通了廣通渠,修復了山陽瀆。隋煬帝即位後,又開鑿了通濟渠,疏通了莨蕩渠、邗溝,再鑿通了永濟渠。最終,修築成了著名的大運河。

這條大運河全長四千至五千里(隋朝大運河長於元代至今的大運河),是世界上最長的運河,它是世界水利史上的一大奇蹟。

這條大運河將原先東西橫流的海河、黃河、淮河、長江、錢塘江五大

水系一線貫通，其經濟意義極其巨大，對於隋唐時期的經濟發展與文化交流有著極大的作用，極大地促進了農業生產的發展。

唐代沒有特別重大的水利工程，但中小型的工程面廣量大，有兩、三百起之多，且在南北方地區全面展開。

南方農業的興起與水利的發展，使水田生產和技術得以迅速地提高。

首先，在這時發明了能在水田中靈活施用的犁具——江東犁。在唐代陸龜蒙的《耒耜經》一書中，詳細地記載了這種犁具：它由十一個部分件構成，它的操作與工作效率極佳。江東犁的產生，是中國鐵製犁具全面成熟的重要標誌。除犁以外，還發明了鐵合、爬（耙）、礪礋等小型手工農具，為精耕細作創造了更為有效的條件。

至此，南方的農田整理技術基本上系統化了。到宋代又發明了耖的技術後，就更加完善、更加成熟。

南方農業的發展，對於唐代整個國家的繁榮具有越來越重要的作用。特別是安史之亂以後，北方的農業又一次遭到損害，這時全憑著南方的糧食生產，才使得大唐王朝沒有就此一蹶不振。

在唐代的農業生產中，有一個分支開始異軍突起，這就是茶的生產。

茶是古代中國人民培育的傳統飲料，是與咖啡、可可並列的世界

現代大運河風光

這是現代大運河風光。它北起北京，南到杭州。全長1794公里，是世界上開鑿最早、規模最大、里程最長的航行運河。只要比較一下世界著名的另外兩條運河，如蘇伊士運河只有173公里，巴拿馬運河只有81.6公里，就可以知道中國的大運河是何等宏偉了。

【知識百科】

鐵犁

　　鐵犁最早出現在中國的戰國時期。河北易縣燕下都遺址和河南輝縣都出土過戰國時期的鐵犁鏵。鐵犁鏵的發明是一個了不起的成就，它標誌著人類社會發展的新時期，也標誌著人類改造自然的奮鬥進入一個新的階段。漢代的農具鐵犁已有犁壁，能達到翻土和碎土的作用。當鐵犁在十七世紀傳入荷蘭以後，引發了歐洲的農業革命。

三大天然飲料之一。早在三千至四千年前，古中國就有了種茶的歷史記載。但在唐代以前，茶在整個農業經濟中幾乎沒有什麼地位，似乎處於可有可無的地位，飲茶只是少數人的事。這種情況在唐代開始發生了變化。

　　飲茶在唐代不僅數量上有了很大的增長，而且開始形成一種獨特的文化現象——茶文化，它的標誌就是陸羽的《茶經》一書。

　　《茶經》是中國、也是世界上第一部有關茶業的專著，全書分為三卷十節，重點講述飲茶的文化意味。

　　而有關茶樹的栽培、採摘的方法、茶葉的加工程序等，則見於唐代的另一部農學著作《四時纂要》。在書中，可以看到當時茶樹的種植技術已經相當精細。對於季節時令、播種密度、種植地點、下種方法、中耕技術、水肥施用、採摘加工等等，都有許多的要領介紹。

　　由於茶葉生產的迅速發展，唐政府在德宗建中四年（西元七八三年）開始徵收茶稅。與此同時，大約從五世紀開始的茶葉出口，在唐代開始迅速擴大。在絲綢之路上，成包的茶葉馱在駱駝背上走向西方，茶的種植與加工技術開始傳向世界，為世界人民奉上天然優良的佳飲。

● **陸羽像**

陸羽（西元733－804年），字鴻漸，唐復州竟陵（今湖北天門）人。所著《茶經》，是世界上第一部茶葉專著，對唐代以前有關茶葉的科學知識和實踐經驗作有系統的總結，對中國茶業和世界茶業的發展作出了卓越的貢獻。死後被譽為「茶仙」，奉為「茶聖」，祀為「茶神」。

二、都城與建築

盛世的象徵

▊中世紀世界最大的城市——隋唐長安城

　　隋王朝建立以後，對原來的漢長安城有很多的不滿（主要是水質水量的不佳與舊城的狹小、破舊），於是，就在開皇二年（西元五八二年）由著名的建築大師宇文愷規劃、負責興建新都城。

　　新都城建在漢長安城的東南，南對終南山與子午谷，北臨渭水，東瀕滻水和灞水，西眺一片平原與灃河。東北部較高，是龍首原。

　　新都城的規模極大，據考古探掘，可以知道它的形狀是東西稍長的長方形，東西的長度為九七二一公尺，南北的長度為八六五一公尺，周長

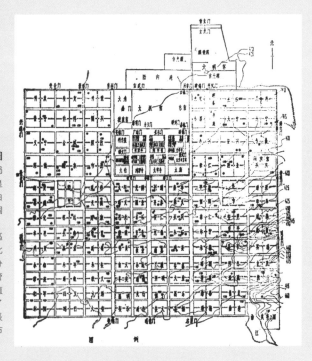

● 隋唐長安城市布局圖

這是隋唐長安城市布局圖。長安建於隋唐開皇二年（西元582年），由宇文愷設計規劃。整個城市設計合理、規整，布局東西對稱，里坊區劃分明，對於環境美化和給排水也給予了充分的注意，開鑿了三條管道，引水入城，兩岸植柳，風景宜人，還考慮了交通和軍事防禦等。長安城的規劃是世界城市規劃的鼻祖和楷模。

為三十六點七公里，面積為八十四平方公里。如此之大的規模，在當時的世界上屈指可數。

全城有十三座城門，東、南、西各三座，北面四座。以南面的正門明德門最大，有五個門道，中間的門道只供皇帝通行，其他各門只有三個門道。

在這城郭之內，又有內城，內城分為宮城與皇城兩大部分。宮城在全城的北端居中，是皇帝的居住辦公區。它的南面是皇城，是中央政府的辦公地。內城之外，全為居住區（坊里）與市肆。

整座城市採用中軸線對稱的布局，前朝後寢，左宗廟而右太社，這都是沿承《考工記》的規制而排列的。

全城的道路沿承《考工記》「井」字形結構而來，只是擴大為方格網狀形。

最寬的道路是宮城前的橫街，有二二○公尺寬，實際上已經是一個廣場了。其他的主幹道寬度都在一二○公尺以上，東西一般街道寬在四十公尺以上，南北一般街道寬在六十公尺以上。居住區（坊里）內與集市內的道路寬在十五公尺以上。

為了城內的給排水（也有利於運輸），政府開鑿了三條人工管道進入城內：南面的永安渠、清明渠，東面的龍首渠。

如此規模的一座大城，實際建造時間只有短短的半年多一點，加上後期的收尾，也只有九個月。在古代，這一速度簡直令人吃驚，可見在工程的規劃、管理、技術等諸方面都極其出眾。

隋朝的這座都城命名為大興城，到唐代又改回為長安城（又稱「京師城」）。

唐代長安城，在隋代大興城的基礎上加以改建擴建而成。主要是在城郭外的龍首原高地上增建一座大明宮，取代隋的舊宮殿區。大明宮內有宮殿三十多座，其中麟德殿的規模最大。後來又對南部的曲江皇家風景區進行了修整。為了交通的方便，又從大明宮沿東城牆修了夾道，全長

壹

貳

參

伍

陸

達七九七〇公尺。其他還有一些改動，但都不怎麼大。

盛世下的隋唐都城是當時的政治、經濟、文化中心，規模宏大，人口眾多，萬方雲集，四海來賓，最興旺時的人竟超過了百萬以上，成為中世紀時世界上最大的城市。

隋唐都城的建設，還影響到了鄰國的城市建設，如日本的平京城與平安京就都是仿照長安城興建的。

▌宮殿與裝配式建築

隋唐五代時期，在無數的宮殿中，規模最大、最為著名的，要數唐長安城大明宮內的麟德殿。

據歷史記載：大曆三年（西元七六八年），曾在麟德殿上召開巨大盛宴，宴請「劍南、陳、鄭神策軍將士三千五百人」（《冊府元龜》卷一一〇）。可以想像其規模之宏大。

考古探掘結果與文獻記載揭示了這座宮殿的面貌：它的夯土臺基南北長一三〇公尺，東西寬七十七公尺，高五點七公尺。基上建有前、中、後相串連的三殿。前殿為單層建築，面寬十一間，進深四間。中、後殿都是兩層建築，面寬也是十一間，中殿進深五間，後殿進深三間。後殿的上層是中殿上層的附屬建築，稍低一些。另外還有一些附屬建築。

前殿的柱網採用的是減柱法，也就是《營造法式》中所記載的「金廂斗底槽」式。中、後殿採用的是滿堂柱網型，這是因為中、後殿都是兩層建築，對柱的強度要求較高。

當歷史發展到了隋唐時期，一朵建築學的奇葩——裝配式建築——綻開在中華大地上。

最先展現在歷史的裝配式建築，是宇文愷設計製造的觀風行殿。

宇文愷，就是我們在前面曾介紹過的主持建造隋朝新都城的著名建築大師。祖先是鮮卑人，因為歷代有功，三歲時就受爵雙泉伯，七歲被封為安平郡公。與他的祖上和兄長們不同的是，宇文愷對政治與軍事

都不感興趣，他從小喜愛讀書，長大後對建築特別熱衷。

隋王朝建立後，宇文愷負責修建新都城，他以高超的技術與精密的管理，使新都城又快又好地聳立了起來，也使他的盛名達到了頂峰。

宇文愷的建築傑作，當然不止新都城一座，他還主持設計、建造了東都洛陽。這兩座都城，猶如他的兩座豐碑。

據傳，他還造過大帳，能夠同時坐下幾千人，只是具體情況沒有文字記載下來。

他還計畫建造一座國家進行祭祀等大典用的殿堂——明堂，已經設計出了圖樣，明確地標上了比例，成為最早有標準比例的工程設計圖。後來，因為他不幸病故，這座建築沒有能正式建造。

觀風行殿，是他為隋煬帝出巡的需要而設計製造的。這座行殿，能夠隨裝隨拆，裝拆速度之快，「有若神功」。裝好以後，下面還按有「輪軸」，整幢房子能夠自由移動。可能人們會以為這座行殿至多不過數十平方公尺之大，但實際上至少有數百平方公尺之大，因為它要容納數百人在其中開會行宴。如此大型的活動裝配移動房，在今天也不是輕而易舉能造出來的，在當時更是令人匪夷所思。這座行殿在隋煬帝出巡西北時曾經用過一次，使邊地的少數民族見了，「莫不驚駭」不已！

在觀風行殿之後，更有何稠所設計製造的「六合城」來一競風流。

何稠，是隋朝的又一位能工巧匠。相傳他的學識極為廣博，對於古董機巧之物不僅能知其奧妙，而且能親自仿製，絕巧無比。

在隋朝征遼的戰役中，要在遼水上造橋，當時宇文愷也未能成功，而何稠只用了兩天就造好了。

接著，何稠展示了他的又一項驚世之作——六合城。

這座六合城完全是以預製的木構件裝配而成的。這種木構件，每塊都是六尺見方的立方形框架。裝配時，外面再按上木板。用這樣的木構件堆疊起來，能迅速地構成牆體。牆體合圍起來，就是一座城市。在城內，又可以如法製成行殿、房屋。

就在征遼戰役中，何稠用這個方法，在一夜之間聳立起一座周圍達八里、高達十仞（八十尺）的城池。城池上闕樓俱備，刀槍林立，旗幟飄揚，軍隊肅立。等到天亮時，對方突然見到不知從哪兒冒出來的城池，一時間嚇呆了，還以為是有神靈在相助，在士氣上大受挫折，對戰爭的勝負產生了很大的作用。

可惜的是，無論是宇文愷的觀風行殿還是何稠的六合城，人們只知道以上這些情況，而具體的技術、具體的結構，則沒有流傳下來，這是建築史上的一大損失。

但不管怎麼說，觀風行殿與六合城是古代中國建築大師們智慧的結晶，將永遠為後人所銘記、學習。

▌世界橋梁史上的千古奇蹟

在今天河北趙縣城南的交河上，靜靜地跨臥著一座石橋，它是那麼的寧靜，它是那麼的平凡，不明就裡的誰也不會把這座橋與「創舉」兩個字聯繫起來，因為像這樣的石橋在中華大地上實在是太多了。

就在這座橋誕生以後的最初歲月中，誰也沒有對它特別地注目，甚至連誰是造橋的主持者也不知道，人們把這座橋看得很普通、很平常。

到這座橋誕生一百多年以後，唐開元十三年（西元七二五年），才有一位中書令張嘉貞寫了一篇關於這座橋的記文——《安濟橋銘》。透過

【 知 識 百 科 】

麟德殿與模數

模數，是指大型建築各部分間的比例係數。最早的模數見於宋代的官修建築著作《營造法式》中。建築技術的提高，與建築速度的提高總是相伴而行。磚、瓦等預製件的產生，模數技術的出現，既是建築技術的提高，又是建築速度的提高。

唐代的一些建築和如南禪寺、佛光寺等建築中使用了模數技術，麟德殿是其中的典型代表之一。

這篇文章，人們才知道這座名為安濟橋的橋梁是由隋朝的一位普通工匠李春設計製造的，而且還知道了這座橋「製造奇特，人不知其所以為」。從此，人們才開始對這座橋究竟有什麼奇特之處注意了起來。

真正揭開這座橋的奧祕，真正給予它崇高的地位，則是在中共建國以後。

從五〇年代起，結合對安濟橋的維修與科學研究，科學工作者不斷地探索這座古橋的技術奧祕。

時至今日，人們已經探明了這座橋多少的奧祕呢？

安濟橋，俗稱趙州橋，是李春在隋開皇至大業年間（具體各說不一）建造的一座單孔敞肩式石拱橋。

這種單孔敞肩式石拱橋，就目前所知，不僅在中國，而且在世界上也是最早的，比歐洲要早一千兩百多年。

❶趙縣安濟橋

這是河北趙縣的安濟橋，又叫趙州橋。它橫跨交河，建於隋代大業年間（西元605－618年），距今已有一千三百多年。這座橋的結構布局奇特美觀、科學合理，經歷了洪水、地震等自然力的襲擊和一千多年使用的考驗，依然巍然挺立，雄姿煥發。

這座單孔拱橋全長為五○·八二公尺，單孔的淨跨徑長三七·三公尺，這個跨徑歐洲要到一三三九年才由法國的四五·五公尺打破；拱橋的拱矢高（拱腳至拱圈頂的垂直高度）為七·二三公尺，矢跨比僅為一比五，歐洲直到一五六七年才由義大利的聖三一橋打破這個矢跨比。

這座橋的主拱券的兩肩上各設有一個小拱券，所以稱為敞肩式。這個小拱券設置得太好了，真可謂是一舉多得：首先是擴大了洩洪量，減少了洪水對橋的衝擊力，延長了橋的壽命；其次是使橋面的弧度大為降低，再加上原來的矢拱比就極小，整座橋就成為「坦拱橋」，整個橋面呈平弧形；第三是減少了材料（約二六○立方石料），節約了成本，節省了時間，減輕了橋的自重（約七百噸），減緩了整座橋的下沉；第四是增加了美感，使整座橋更為玲瓏生動。

這座橋的主拱券是用「縱向並列法」砌成的，即由二十八道獨立的拱券並列組成。這樣的砌法有什麼好處呢？

首先是可以節約砌拱券所用的「鷹架」（亦稱「拱架」，即承重的模架），每砌完一道再移動「鷹架」砌相鄰的一道，而用不著搭滿「鷹架」來開砌。其次是維修方便，任何一道拱券有損壞，只要換掉就可以了，不必大動干戈。第三是如果局部的地基有變動，也只影響少數幾道拱券，而不會影響大橋的整體。

當然，這樣的砌法也有缺點，各道拱券之間缺乏拉力，很容易外傾以至全橋崩塌。

對這樣明顯的缺陷，李春與工匠們當然不會輕易放過，他們天才而巧妙地解決了這個缺陷。現在發現，他們為克服這一缺陷，共採取了五項主要的技術與措施：

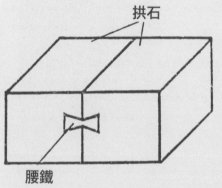

拱石

腰鐵

安濟橋腰鐵示意圖
這是安濟橋聯結拱石的腰鐵示意圖。

一是在二十八道拱券的橫向方位上，裝了五根鐵條，把這二十八道拱券緊緊地拉住。四個小拱頂上各有一根鐵條拉緊。這是最主要的措施。

二是在橫向相鄰的拱石間也開槽並裝上腰鐵，使二十八道拱券聯成一個整體。

三是在大拱券與兩端小拱券的外側之上，都蓋有護拱石一層。

四是在護拱石間，每側設有勾石六塊，勾住主拱石。

五是對橋面採取「收分」的處理措施，即從兩端向橋頂中心細微地收縮，成為束腰形。兩端的橋面寬九點六公尺，中心寬九公尺。這種橋面的收分，使整個橋體更為穩定。

經過這樣的處理，從拱券到整座橋體都得到了加固，以迎接今後將臨的風雨與地震等一切自然災害的侵襲。

整座橋的地基，原先認為是每平方公分能承受四點五至六點六公斤的粗砂土質，但實際探測顯示：這裡只是每平方公分承受三點四公斤的輕亞黏土，而且沒有經過任何的特別處理，沒有打過橋椿，沒有長後座，只用一塊一點五四九公尺厚的大石料平鋪做為橋基。這座石橋在歷經了一千三百多年後的今天，地基只下沉了五公分，不能不說是一個奇蹟！

在現代的科學探測中，用彈拱理論進行檢驗，發現這座橋的拱軸線與恆載壓力線極其接近，幾相吻合。在現代的建橋理論中，是以兩線合一（重合）為標準。而這座建於一千三百多年前的橋梁，竟然在冥冥中基本上做到了這一點，不能不說又是一個奇蹟。而這個奇蹟，恐怕也多少能解釋一下這座古橋經歷千餘年而依然不崩不塌、不沉不降的原因吧！

現在，當我們再來看這座靜靜跨著的古橋時，除了由衷的敬慕與自豪外，想得更多的是：它究竟還有多少奧祕沒有被揭示出來呢？

三、道、僧、客、士競風流

天文學成績斐然

隋唐五代在天文觀測、儀器製造、曆法編纂、史料彙集、天學普及等各方面都進展快速、成就斐然,而這些成就的創造者竟恰好是一道、一僧、一客、一士。

▋開國道士李淳風

在李淵父子起兵反隋的過程中,有一批道士有著推波助瀾的重要作用,李淳風就是其中之一。

李淳風本是終南山的道士,但他學識淵博,對於天文星占之學尤其精通,相傳他的占候無一不靈。因此,在大唐立國以後,李淳風得到了重用,入官太史局,並一直做到太史令。

李淳風入官太史局後,在天文學上的建樹頗豐。

他所修撰的《晉書・天文志》,是正史天文志中最傑出的一部。

他撰著的《典章文物志》、《乙巳占》等書,同樣聲譽卓著。尤其是《乙巳占》將風力分為十級,使他成為世界上第一個對風力定級的人。四百年後,英國學者蒲福看到了李淳風的《乙巳占》後,才將風力的定級擴大為零到十二級(共十三級),成為世界上通用的標準。

大唐立國以後,李淳風對北魏傳下來的鐵渾天儀的精度感到不滿意,於是,親自設計製作新渾天儀。貞觀七年(西元七三三年),新的渾天儀製成了。

這臺渾天儀的底腳吸取了北魏渾天儀的優點,設有十字基準。它的儀器部分,在原來六合儀與四遊儀的基礎上,增加了一個三辰儀。

三辰儀,是由黃道環、白道環與赤道環三個圈環相交構成的。它介於六合儀與四遊儀之間,成為四遊儀仰觀天象的三個基準環圈。

在儀器造好的同時，李淳風還撰成了《法象志》一書，對以前各代的渾象作了一個分析總結，同時上呈朝廷。

唐代初年所用的曆法是由傅仁均制定的戊寅曆，但這部曆法不很精準，因此就由李淳風重新編製新曆，在唐高宗麟德二年（西元六六五年）頒行使用，稱為麟德曆。

麟德曆是一部較好的曆法，雖然李淳風個人的創新突破很少，但他吸收了隋朝劉焯皇極曆的許多成果，最主要的就是定朔的技術。

在此以前，古代安排閏月的方法，都是根據閏周，再計算月行與日行而定，結果出現了像戊寅曆那樣的連續四個大月的情況。而定朔技術則根本不用閏周，直接在沒有中氣的月分安置閏月，既合理又方便。

在麟德曆吸收了劉焯首創的定朔技術以後，定朔從此成為了定制，再也不用為置閏而大費精力。

■一行僧與《大衍曆》

一行（西元六八三～七二七年），俗名張遂，邢州鉅鹿（今河北鉅鹿人）。

一行的曾祖父張公謹是唐初的功臣，曾被封為鄒國公。但到一行出世時，這個貴族世家已經破敗不堪，所以幼時的一行生活相當拮据。

家道儘管中落，但畢竟還是貴族世家，一行從小所受的教育比真正的窮苦人家自然要多得多，加之一行天性勤奮聰穎，青年時的一行已經極具才學、名聲四播。

此時正是武則天執政的時期，為了躲避武三思的拉攏糾纏，一行到了嵩山嵩陽

壹 貳 參 肆 伍 陸

●僧一行像
這是唐代天文學家一行僧。他於西元724年最早用科學方法實測子午線，既為他制定新的曆法《大衍曆》創造了條件，又為後來的天文大地測量奠定了基礎。

寺出家為僧，「一行」就是他的法名。

當了僧人的一行，依然以學問為根本。他遍訪名山古寺，從佛學經義到天文地理、數學曆算、陰陽五行，無所不學，無所不精，名聲更是天下大震。

開元五年（西元七一七年），唐玄宗強行徵召一行入京主持編製新曆，以取代已經使用了半個世紀的麟德曆。

一行在接受詔令後，並不立即編曆，而是以一個科學家特有的嚴謹態度先著手進行一系列的前期準備工作。

首先，一行與梁令瓚合作，由梁具體主持製成了新的黃道游儀與水運渾象。黃道游儀是在李淳風的黃道渾天儀基礎上改進製成的，克服了前者的一些缺點，使新儀器成為當時世界上最先進的渾天儀。水運渾象是根據張衡的同類渾象改進製成的。除了與張衡的渾象一樣能演示天象變化外，還特別創造發明了報時的木人，成為中國最早的機械報時裝置。

其次，一行用新製的黃道游儀開始了堅持不懈的觀測，重新測定了日月星辰的位置與運行，獲得了一系列新的資料。這對於新曆的精確度提高，有著至為關鍵的作用。

再次，為了確保所製的新曆能適用於全國更廣闊的範圍，一行主持進行了一次大地實測活動。為了更好地進行實測，一行發明了一種被稱為「覆矩」的工具。

這次測量共設有十三個點，以黃河中游為中心，北至北緯五十一度左右的鐵勒（今蒙古境內），南到北緯十七度多的林邑（今越南境內），遍及朗州武陵

●天臺山一行遺跡

一行出家以後，遍訪名山古寺，學習各種知識。曾在浙東天臺山國清寺學習天文曆法和數學知識。現在該山還留有一行的多處遺跡。圖為天臺山國清寺的「唐一行禪師之塔」。

（今湖南常德市）、襄州（今湖北襄樊市）、太原府（今山西太原市）、蔚州橫野軍（今河北蔚縣）等地。測量的內容包括當地春分、秋分和夏至、冬至日正午時分八尺標杆的日影長度、北極高度、晝夜長短、所見同一次日蝕的食分與時刻等等。

這次實測的重大意義，首先是徹底推翻了自《周髀算經》以來「日影千里差一寸」的誤說。其次是得出了「大率五百二十六里二百七十步而北極差一度半，三百五十一里八十步而差一度」的結論，換算成現代數值，即南北相距一二九‧二二公里，北極高度相差一度。這個數值，在現代，就是地球子午線一度的長度。與現代所測的精確值相比，雖然大了一些，但在無意間竟測得了子午線的長度，則是人類歷史上的第一次。因此，李約瑟稱這次測量是「科學史上劃時代的創舉」。

在經過了這樣一系列的富有創造性與紮實性的準備工作後，開元十三年（西元七二五年）正式開始制訂新的曆法，兩年後寫出初稿。也就在這一年，積勞成疾的一行卻不幸故世，年僅四十五歲。再過一年（西元七二八年），由張說、陳玄景整理完成，大衍曆正式誕生了！

大衍曆是這個時期最傑出的曆法，也是古代時期最傑出的幾部曆法之一。大衍曆對於古代中國曆法乃至整個天文學的貢獻，主要體現在幾個方面：

（1）編寫體例：大衍曆吸收了劉焯皇極曆的編寫優點，共成七篇，構成一個完整的體系，成為此後寫曆的標範。

（2）日行盈縮：南北朝時，張子信發現了太陽視運動的不均勻性，隋朝的劉焯首先將這個成果引進了曆法。大衍曆則進一步測定了太陽周天的四分之一約為九一‧三一度，從秋分到冬至與從冬至到春分都各行八八點八九天，而從春分到夏至與從夏至到秋分則各行九三點三七天。

（3）定氣計算：由於日行運動的不均勻性，二十四節氣的定點不是很簡單就能確定的，劉焯發明了用等間距二次內插法公式的計算方法，大衍曆則更發明了不等間距二次內插法公式，使得確定節氣的計算更為精確。

（4）交蝕計算：人們在地面上觀測天體，會產生視差現象，從而影響交蝕的計算與預測。一行在實測中發現這種現象與地理緯度及日、月的視位置有關，因此，針對不同的地點與季節創立了不同的計算公式，稱為「九服蝕差」，使日月交蝕的預測計算更臻精確。

大衍曆完成以後，得到了大多數人的交口稱讚，但也遭致一些人非難，甚至說它抄襲了印度傳入的九執曆。於是，唐玄宗下令對麟德曆、大衍曆、九執曆進行校驗，結果表明，大衍曆遠遠高於其他兩曆，得到了最終的確認。

大衍曆在開元二十一年（西元七三三年）傳入了日本，天寶八年（西元七六四年）被日本政府正式頒行使用，並一直使用了近百年之久。

▌印度客裔瞿曇悉達

瞿曇家族是由我們的鄰國印度遷來的，現在我們所知道的這個家族有這樣五代：瞿曇逸——瞿曇羅——瞿曇悉達——瞿曇巽——瞿曇晏。從瞿曇羅起的以下諸代都曾在唐王朝擔任太史令、太史監、司天監等職，時間長達一百一十年以上，當時的人們統稱他們為「瞿曇監」。

瞿曇悉達曾在開元六年（西元七一八年）奉敕翻譯印度的九執曆，不久又奉敕編撰了《開元占經》。

《開元占經》是一部星占學的集大成著作，全書共有一百二十卷，約六十萬字。它雖然是一部星占學著作，但它在天文學上有著極高的價值與地位，因為許多的天文學成果，幸賴此書才得以保存下來。

《開元占經》也是一部編纂型的著作，共引書達四百零九種，其中許多書在後世早已失傳，其價值之高可想而知。在所有這些資料中，與天文學有關的特別重要的部分，據研究主要有：

一是輯錄了唐代以前有關宇宙結構與運動的理論。

二是輯錄了戰國時期甘德、石申、巫咸三家的星經與星表，保存了古代有關二十八宿的距度值，還彙集了有關日月五星及全天恆星的有關史料。

三是收錄了自古六曆起至麟德曆共二十九部曆法的上元積年、日法等主要資料，其中古六曆與神龍曆等都是唯一可見的史料。

四是輯錄了大量的緯書材料。緯書因曾遭禁絕而只有零零散散的言論見於它書所引，《開元占經》引緯書達七十餘種，數量十分可觀。

五是全文載錄了李淳風的麟德曆，可以用來校勘、補足新舊《唐書》所載的麟德曆。

六是全文收錄了瞿曇悉達自己編譯的九執曆，這是傳入中國僅有幾部的印度曆法之一。

七是輯錄了古人有關風雲雨雪等氣象方面的資料。

《開元占經》問世以後，立即被做為祕本收藏了起來，只有少數人才有緣一見。到宋代連書也見不到了。後來，在明神宗萬曆十四年（西元一六一六年），安徽歙縣道士程明善在一座廟裡佛像的腹中發現了此書，才得以流傳至今。

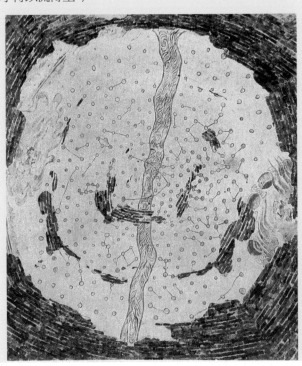

北魏墓頂星圖
在洛陽發現的北魏墓頂星圖。

壹

貳

參

肆

伍

陸

■ 王希民與《步天歌》

《步天歌》是一首記載全天恆星的通俗性詩歌，舊題「隋丹元子撰」，但現在大多認為是唐初的王希明所撰。

王希明，自號通玄子，又號青羅山人，唐開元年間曾以方使任拾遺供奉、待詔翰林等職，曾奉敕編撰《太乙金鏡式經》與《聿斯歌》。看來，他是一位具有道教傾向的士人。

人類用肉眼所能觀測到的天體，除了日月五星以外，其他的都是恆星。我們的先民們，到戰國時期就已經認識了一千多顆恆星，到漢代的張衡，能認識恆星達兩千多顆。

為了在認識恆星時更容易識別與記憶，人們將幾顆恆星組成一個星官（即西方的星座），又將若干星官組成一個大的體系。最早的體系就是二十八宿，後來形成為三垣二十八宿的恆星體系。

在這個體系中，共收有二八三官、一四六四顆恆星。這樣大數量的恆星，對於專業天文學家來說，要迅速地識別不是一件輕而易舉的事，

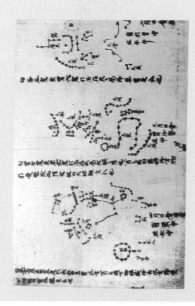
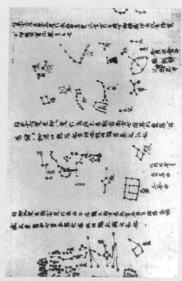

唐代敦煌古星圖
這是保存在大英博物館的中國唐代敦煌的古星圖，是世界上現存最古老而星數最多的古星圖，共記錄了一千三百五十多顆星。

對於初學者更是一件難事。於是，很早開始就有人嘗試用有韻而易記的詩賦形式把所有的星名都編入其中，以便於人們記憶與識別。

如，相傳東漢張衡就編過《天象賦》，只是可信度很低。而比較可信的是：北魏的張淵作過《觀象賦》，隋代李播作過《天文大象賦》，敦煌石窟也曾發現有唐初所作的《玄象詩》。《步天歌》的產生，也正是基於這樣的背景與潮流。

所有這些具有普及性、通俗性的詩賦，最終只有《步天歌》得到了最廣泛的歡迎與傳播，原因何在呢？

原因就在於《步天歌》的詞句最簡潔明瞭、最易於上口、最便於掌握。

人們可以口頌詩句，腳踏歌中所示的方位，猶如在天上從一顆星邁向另一顆星。詩歌頌畢，三垣二十八宿的所有恆星也就都認遍了。如此反覆地演練，的確能較快地記住、辨別全天的恆星。

但就是這樣一部並無什麼機要與奧祕的普及性詩歌，統治者把它視為天機而收入《靈臺祕苑》，廣大的民眾也就無緣得見了。而真正想學習天文知識的人們，則千方百計地尋覓此書。那時的人們想學點天文知識，真是不容易啊！

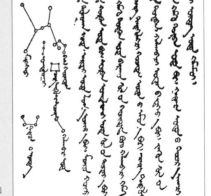

● 蒙文《步天歌》

內蒙古圖書館藏本《天文學》一書中的參宿圖和《步天歌》。

四、振興數學

國家設置數學教育

在國家學校中設置數學教育，在科舉中設立明算科，是這時期數學領域裡最引人注目的新舉。

這個新舉在北魏已經萌芽，北魏先設立尚書算生、諸寺算生，專門培養這方面的人才。

隋朝在國子寺設立算學，置博士二人、助教二人，收學生八十人，進行數學教育。

唐朝顯慶元年（西元六五六年），在國子監設算學館，招收八品以下官員與庶人之子三十人為生。到顯慶三年（西元六五八年），又取消算學館，把博士以下人員併入太史局。到龍朔二年（西元六六二年）又重設算學，把學生數減為十人。與此同時，在科舉中設立明算科，到晚唐時就停止了。

國家設置數學教育與科舉，這在中國古代是一大創舉，在古代世界也極為罕見。對此，應該如何來看待呢？

首先，應該肯定這是振興數學的舉措。數學本是中國傳統的學識，早在三代時期就成為了學生們必學的課程之一。隨著時間的推移，形勢的變化，統治者越來越只注重儒家的經典之學，數學逐步被排斥出了教育的範疇，以至逐漸地連最起碼的應用型數學人才（如會計之類）也頗缺乏。

在如此的形勢之下，才有上述振興數學的舉措制訂。這些舉措的實行，應該說是獲得了一定的效應，喚起了人們對數學的興趣，特別

❶《海島算經》書影

這是三國時劉徽所著的《海島算經》，唐時被列為十部算經之一，做為當時數學教育的基本教材。

是對於下層的人士來說，畢竟多了一條向上奮進的道路。從高一級的層次來說，雖然在當時沒有培養出特別拔尖的數學大師，但宋元時期的數學高峰與此時的呼喚與培養難道說沒有一定的關係嗎？！

當然，從另一方面來說，這時的舉措力道確實並不很大，效應也沒有達到預期的那麼大。在當時的社會意識與統治者的心目中，包括數學在內的一切自然科學遠遠不能與經天緯地的儒家學說相比，能讓數學進國家學校與科舉已經是破天荒了，當然不會有更有力的舉措。

其實，在當時即使有再強一些的措施，作用也不會很大，因為它並不能從根本上改變數學在整個社會中的地位。現實的舉措雖然是破天荒的，但實在只是杯水車薪，又加之虎頭蛇尾，所起的作用自然就更為有限了。

在隋唐振興數學的舉措中，規定數學學習的內容為「十部算經」，並由李淳風與算學博士梁述、太學助教王真儒等為之作注，這項工作對於後世數學的發展是很有意義的事。

古代中國的數學著作為數不少，學習者不一定能選擇最佳的讀本，規定「十部算經」，為學習者確定了必修的固定教材。這十部算經，也因此而得以完整地保存了下來。同時，李淳風等人為十部算經所作的注，為學習者提供了極大的便利，也為後世保存了許多寶貴的資料。

對於隋唐時期振興數學的舉措要作一個整體評價的話，應該是肯定大於否定，利大於弊。最大的遺憾，則是未能持續下去。

❶《算經十書》部分書影

唐代以十部算經做為數學教育的基本教材。圖為十部算經中的六部算經。其他四部算經為《海島算經》、《夏侯陽算經》、《五經算術》和《輯古算經》。

五、賈耽・李吉甫・玄奘・竇叔蒙

地學繁榮中的四大代表

▊ 賈耽的書與圖

賈耽（西元七三〇～八〇五年），字敦詩，河北滄州人，曾任唐憲宗時宰相，是一位對地理學嗜好成癖的學者。在擔任宰相期間，無論是外國有使者來，還是中國有使者歸，他都要仔細地詢問當地的山川地理、民俗風情，從而積累起了豐富的資料。

他又是一位憂國憂民的政治家，對於「安史之亂」後唐王朝的衰落與土地的部分喪失十分痛心，他把這種感情寄託到了地理研究之中。

當時，隴右地區為吐蕃所占領，賈耽特意繪製了《關中隴右及山南九州等圖》一軸，附說十卷，對於「歧路之偵候交通，軍鎮之備禦衝要」記載尤詳，滿載著他恢復國土的殷殷之情。

賈耽最大的成就是撰著了《古今郡國縣道四夷述》（四十卷）與《海內華夷圖》，兩者相輔相成，圖文並茂。

《海內華夷圖》在當時的影響甚大，在地圖史上極具名聲，是為數不多的精品之一。

《海內華夷圖》的繪製極其精細。據《舊唐書・賈耽傳》的記載，全圖廣三丈，長三丈三尺，以一寸折百里為比例（即 $1:1800000$），則全國所涵蓋的區域達到東西廣約三萬里、南北長約三萬三千里。很顯然，這個面積遠遠超出了當時唐王朝的疆域（唐太宗時東西廣九一一一里，南北長一六九一八里），唐的面積只占全圖的百分之十五多。因此，這恐怕已經是一幅區域性的世界地圖了，在古代中國這是前所未有的創舉。

圖中還以黑色字標注古代的地名，以紅色字標注當時的地名。賈耽創造的這一分色標注方法，從此為後世的歷史沿革地圖所沿用，直到今天也依然如此。

賈耽所作出的這些特殊的貢獻，使他在地理學史上留名。

■ 李吉甫與《元和郡縣圖志》

李吉甫（西元七五八～八一四年），字弘憲，趙郡（今河北趙縣人），曾在唐憲宗時任宰相，也是一位地理學的嗜癖者。他的地理學成就，集中體現他的傳世之作《元和郡縣圖志》中。

《元和郡縣圖志》全書五十四卷，記載當時全國十道中州縣的沿革、道里、山川、戶籍、貢賦、古蹟等等情況。原書在四十七鎮的鎮前都有地圖，但不久這些地圖都佚失了，這是至為遺憾的事。

這些地圖雖然佚失了，但因為在書中對各州郡府都標明了具體的範圍里數，還依八到（八個方向）標明了重要的山川關隘、名勝古蹟的方位與到郡、縣的距離。

據李吉甫自己在序文中所說，當時已有的地理著作有一個共同的缺點，就是對「邱壤山川、攻守利害」等地理要處缺乏記載。因此，他在《元和郡縣圖志》中，對於有關國計民生、政治軍事的內容，記載特別地詳細。這是本書最大的特點。

另外，從體例上看，本書延續了《尚書‧禹貢》與《漢書‧地理志》的傳統體系，但更加完善，更加嚴密。所以，《四庫全書總目提要》贊評該書是體制「最善，後來雖遞相損益，無能出其範圍」。從此，《元和郡縣圖志》成為全國性地理志體例的標範。

■ 玄奘與《大唐西域記》

「平沙莽莽黃入天」、「隨風滿地石亂走」，「白骨亂蓬蒿」，「不見有人還」……這就是唐人詩句中的西域邊地。

當時內地的人們絕少有人會去西域。然而，就在貞觀三年（西元六二九年），一位年輕的僧人身背行囊，悄然無聲地獨自一人從長安出

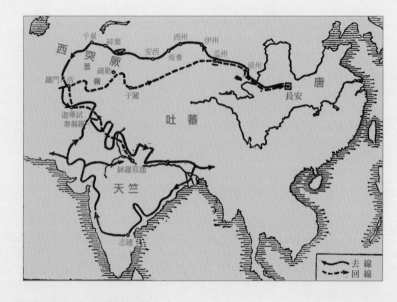

●玄奘旅行路線圖

這是唐代玄奘的旅行路線圖。玄奘是中國著名的佛教學者和旅行家，他從長安出發，經歷千辛萬苦，隻身跋涉五萬餘里，經中亞、南亞當時的一百一十多個國家和地區，歷時近二十年，完成了世界史上的一次偉大旅行。他回來後寫成的《大唐西域記》一書，至今仍是研究中亞、印度和巴基斯坦等國歷史地理的寶貴文獻。

發，邁上了西行的漫漫征程。

　　他就是後來家喻戶曉、婦孺皆知的「唐僧」——玄奘，他要去「西天」（印度）取經，也必定能平安回來。

　　玄奘（西元六〇二～六六四年），俗名陳禕，洛陽緱氏（河南偃師緱氏鎮）人。十三歲時出家，精研佛學，稍長便雲遊各地寺院。因為對中土各宗佛徒說解不一大為不滿，所以決意要親自到佛教的源生地印度去取「真經」。

　　他從長安出發，經過秦、蘭、涼、瓜各州，出玉門關，到高昌，再經阿耆尼、屈支，沿絲綢之路北道到中西地區，再經越黑嶺到達印度。在印度環繞一圈後，經去沙、瞿薩旦那，由絲綢之路南道回中原，貞觀十九年（西元六四五年）終於回到了長安。

　　這一路共走了五萬多里，其中的艱辛與危險，是常人所難以想像的。玄奘完全是以頑強的意志、超人的毅力，才完成了這一創舉。

　　當他戰勝一切困難回到故國故土的時候，帶回了各種質地的佛像七尊、佛經五二〇夾六五七部。而對於更廣大的讀者來說，更感興趣的、

更為重要的，則是他回國後撰寫的《大唐西域記》。

　　玄奘一回到長安，唐太宗就命他把所見所聞寫下來。次年，玄奘完成了這部著作——《大唐西域記》。

　　《大唐西域記》題為玄奘譯，辨機撰，實際上是玄奘口述，辨機筆錄。全書共十二卷，採取地方志的編寫形式，介紹了他親眼目睹的一百一十個國家與地區，以及傳聞中的二十八個國家與地區的地理位置、疆域情況、歷史沿革、都城規模、山川地理、氣候物產、風俗文化、宗教情況等等。同時，書中採收了許多文獻記載、佛典記事、舊世傳說。

　　書中對於印度的記載特別詳細。當時，印度境內共有的八十國，書中一一注明，一一詳細介紹，其中許多內容是正史中所沒有的，尤其珍貴。因為本書是口述的紀錄，所以全書保留著較為濃烈的口語特色。許多細節部分，敘來娓娓動聽，細描、比喻、排比句式在書中多有所見。這種遊記式的筆調風格，使得它比一般的地理學術著作遠要生動活潑得多。

　　當時，還有一位襄助譯經的僧人慧立，他根據玄奘自己的敘述，再加上玄奘過去的身世，一直寫到他的葬事，撰著成了《大慈恩寺三藏法師傳》一書。慧立死後，他的門徒彥宗加以箋釋，再版行於世。

　　這本《大慈恩寺三藏法師傳》與《大唐西域記》是相輔相成的姐妹篇，其重點是介紹玄奘本人的具體經歷。因此，要了解玄奘取經的具體行程路線與經歷，本書比《大唐西域記》更為合適。

　　這是兩本珠聯璧合的著作，相映成輝，成為中國地理學史上的兩朵奇葩，為古代中國的地理學增添了奇光異彩。

●大雁塔
大雁塔，亦即慈恩寺塔，位於陝西西安的慈恩寺內，玄奘從印度回國之後，就在慈恩寺內翻譯佛經，並寫下了《大唐西域記》這部地理學著作。

▌竇叔蒙與《海濤志》

生活在海邊的人們，潮汐是最常見的現象之一。

慢慢地，人們逐漸地發現了潮來汐往是有規律可循的。

東漢時期的王充在《論衡》中指出，潮汐的產生與月亮的運行有關。三國時期，嚴畯寫了有關潮汐的專篇《潮水論》。只是可惜佚失過早，具體的內容已經不得而知了。到了盛唐時期，終於有一部竇叔蒙所著的《海濤志》流傳了下來，能夠讓今天的人們重睹一千三、四百年前的潮汐研究成果。

竇叔蒙，現在只知道他是浙東人，唐寶應、大曆年間（西元七六二～七七九年）的處士，其他的事則不詳。

《海濤志》（又名《海嶠志》）中，竇叔蒙指出：潮汐「輪迴輻次，周而復始」，即潮汐隨月球的運動而變化。每天有兩次潮汐漲落；每月有兩次大潮，分別出現於朔、望之時；每月又有兩次小潮，分別出現在上、下弦時期；在一年之內也有兩個大、小潮時期。

《海濤志》推算了從唐寶應二年（西元七六三年）冬至到太初上元冬至積年數為79379年，積日數為28992664日，積濤（潮汐）數為56021944次。由此，我們可以推算出《海濤志》的潮汐週期為十二小時二十五分十二秒強，這一數值與現代通用的十二小時二十五分相當接近。

在建立起了潮汐週期數值後，為了實際使用的方便，竇叔蒙創製了簡便易查的潮汐變化圖表。雖然原書中的表後來佚失了，但根據書中的記載，現代人很容易進行複製。

《海濤志》的這張潮汐表，是目前世界上所知最早的潮汐表。歐洲最早的「倫敦橋漲潮表」是在一二一三年編製的（現存於大英博物館），比《海濤志》的潮汐表要晚四百多年。

六、煉丹爐中的轟鳴

火藥的發明

　　震驚世界、最為著名的「四大發明」，在唐代開始又邁出了一步。

　　這第一步就是驚天動地的轟鳴──火藥的誕生。

　　發明火藥的，並不是什麼智者聖人，也不是什麼能工巧匠，而是那些埋首於丹爐中，一心要煉出長生不死藥的道士們。

　　在第三章第四部分中，我們曾介紹了煉丹術中的一些術語，其中「伏火」這一術語中就已經孕育著火藥這一技術的誕生。

　　在需要用「伏火」技術進行處理的藥物中，硫磺是最主要的一種。

　　早在春秋時期，我們的先祖就已經知道了硫磺以及它的產地。在中國第一部藥典《神農本草經》中，硫磺也記載其中。

　　煉丹士們開始煉丹後，對使用頻繁的硫磺的性質逐漸地熟悉起來。他們發現，硫磺很容易著火飛昇，很難控制。為了克服硫磺的這一缺陷，他們逐漸發明了「伏火」的方法。

　　硫磺的「伏火」處理，就是將硫磺與某些容易燃燒的物質混合後慢速加熱，有的還讓它們發生燃燒再立即撲滅。在這樣處理後，硫磺的易燃性質略微得到一些改變。

　　在與硫磺相混合的一些物質中，硝的使用對於火藥的產生是至為關鍵的一步。硝也是早在春秋時期就已經被人認識的物質，載入了《神農本草經》。硝的化學性質很活潑，易燃燒，易與其他物質發生反應，所以在煉丹中它是常用的藥物。

　　有了硫與硝，這火藥發明就已經「三分天下有其二」了，所缺的只有含碳的物質（無論是無機物還是有機物）。

　　到了唐代，這三種物質終於聚集到了一起，火藥終於在丹爐上轟然產生了。

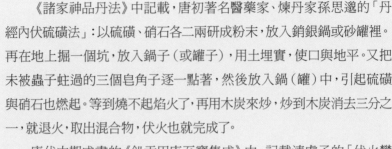

《諸家神品丹法》中記載，唐初著名醫藥家、煉丹家孫思邈的「丹經內伏硫磺法」：以硫磺、硝石各二兩研成粉末，放入銷銀鍋或砂罐裡。再在地上掘一個坑，放入鍋子（或罐子），用土埋實，使口與地平。又把未被蟲子蛀過的三個皂角子逐一點著，然後放入鍋（罐）中，引起硫磺與硝石也燃起。等到燒不起焰火了，再用木炭來炒，炒到木炭消去三分之一，就退火，取出混合物，伏火也就完成了。

唐代中期成書的《鉛汞甲庚至寶集成》中，記載清虛子的「伏火礬法」云：以硫、硝各二兩、馬兜鈴三錢半，研成末，拌勻。掘地為坑，將罐埋入，口與地平，再將藥裝入。用彈子大一塊熟火放入，會有煙火產生。

同時期又有一部丹書《真元妙道要略》，曾警示其他的煉丹士：以硫磺、硝石、雄黃與蜜合在一起燒，會產生焰火，會將人的臉和手燒壞，還會沖上屋頂，把房子燒了。

在這些記載中，皂角子、馬兜鈴、蜜都是含碳的有機物。它們與硫磺、硝相混，也就等於製成了火藥。其中，《真元妙道要略》的警示告誡最為重要，因為它實際上記載了火藥的開放性爆炸實況。如果將火藥密封起來點燃，就會發生爆炸。

煉丹士們發明了火藥，在初期並不知道它有什麼用途。但火藥能猛烈燃燒以至爆炸的特性，很快就被人們想到可以用到軍事戰爭中去。大約在唐末宋初，火藥就在戰場上初露鋒芒，展示威力。從此，人類從純冷兵器時代跨入了冷熱兵器並用的時代。

再發展，火藥就由單純的軍用而發展到了民用生產上，為人類找到了更為強力的生產工具，這就是恩格斯所指出的：「火藥和火器的採用絕不是一種暴力行為，而是一種工業的，也就是經濟的進步。」

火藥發明以後，大約到十三世紀中期，經印度傳入了阿拉伯。十三世紀末期，又傳入了歐洲。從此，這一偉大的發明創造開始為全人類作出了新的貢獻。

● 硝、硫、炭（標本）

初期火藥成分以硝、硫磺為主，輔以其他碳水化合物，後來形成硝、硫、炭三元體系。由於冒黑煙，故稱黑火藥。燃燒後，產生大量氣體，體積猛增千倍，所以發生爆炸。圖為硝（白色）、硫（黃色）、炭（黑色）這三種材料的標本。

七、印刷掀開第一篇

雕版印刷術誕生

　　古代中國最偉大的「四大發明」中的另一項——印刷術，也在隋唐時期邁出了第一步，雕版印刷最先誕生了！

　　雕版印刷，是指將文字或圖畫先反刻在平整的木板上，再在板上塗上墨，又把紙平整地鋪在板上，用刷子均勻地輕輕刷遍，最後將紙揭下來，印刷過程也就完成了。

　　雕版印刷為什麼會在中國首先產生呢？

　　這取決於中國古代擁有發明雕版印刷的所有先決條件——材料、技術與習俗。

　　就材料而言，雕版印刷最主要的是木板、紙張、墨、刷子。木板與刷子各國都有的，不足為奇。紙張是古代中國的發明物，雖然在隋唐時期已經傳到了許多國家，但在品種與品質上當時仍以中國為最。墨也是中國所獨創的，當時世界上能製墨的國家不多。

　　最為關鍵的是技術，是反刻文字與圖畫的技術，這是古代中國獨具的一種工夫。這種工夫，起源於中國獨特的印璽契刻。

　　印璽是中國的獨特用品，據說最早的印璽在西周時期已經產生，到戰國時期在貴族中已經十分普遍。這種印璽一直使用到今天，幾乎是人人都備的用品。

　　長期地治印，就形成了獨特的文字與圖畫的反書契刻

● 「牢陽司寇」銅印
這是戰國時期的「牢陽司寇」銅印。印章的起源大約可追溯到周代。印章蓋印後為正體文字，故不管是陰文還是陽文的印章，其文字都必須刻成反體的，這一點與印刷的原理十分相似。

● 「齊鐵官印」封泥
這是西漢時期印有篆書正文「齊鐵官印」四字的封泥。封泥是古代封存信件、公用用的，盛行於戰國、秦漢。古人們將信件或公文捎寄給收信人或永久性存儲起來，為了保密，就用繩將簡牘捆紮，並在繩子的結節處用膠泥包裹起來，最後在膠泥上捺印上印文。

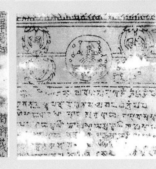

● **《陀羅尼經》漢文印本（上左）**
這是在陝西西安出土的唐代《陀羅尼經》漢文印本。

● **《陀羅尼經》梵文印本（上右）**
這是在陝西西安出土的唐代《陀羅尼經》梵文印本。

● **《陀羅經經》漢文印本（下左）**
這是《陀羅尼經》漢文印本的局部放大。

● **《陀羅尼經》梵文印本（下右）**
這是《陀羅尼經》梵文印本的局部放大。

技術。只有形成了這種技術，才能進行雕版契刻。

另一項較為重要的技術，就是墨拓技術。

墨拓技術大約產生在西、東晉時期，這是一種在石碑上拓印文字或圖畫的技術。它先用濕紙（紙質要堅韌）鋪在石碑上，輕輕打實，待乾後，再用拓包蘸墨刷墨於紙上，就將凸起部分都印在了紙上。

如果將墨直接刷在凸起的部分，再用紙印出來，得到了就是與碑面相反的字與圖，這就是後來雕版印刷的印刷技術。

習俗似乎容易為人忽視，但實際上卻很重要。這裡所說的習俗，實際是指書寫的習慣問題。

現今流傳下來人類最早的文字與圖畫，有兩種書寫形式：一是直接書畫於岩壁、陶器等物體上的，一是用硬物刻劃在泥板、陶器、岩石之上。雖然這兩種形式幾乎世界各國的早期都已經出現，但逐漸地還是演變為第一種形式為主，因為畢竟是直接書畫更便捷。尤其是紙張發明以

後，直接書畫更占了絕對的優勢地位。

但與此同時，契刻書畫形式並沒有完全被擯棄，始終或多或少地存在著。這種形式，在古代中國有著特別持久的傳統。從最早的陶器、岩石刻畫開始，甲骨文、銅、鐵器契刻、竹簡、木牘、石碑，始終不斷而且十分地興盛。正是由於這種契刻形式的延綿不斷與格外興盛，才會在一定的時候，創造出雕版印刷。

因此，雕版印刷的發明，在中國完全是一個水到渠成的自然產物。

雕版印刷的產生，在文獻上可以追溯到隋朝時期。據隋費長房《歷代三寶記》記載，隋開皇十三年（西元五九三年）十二月八日，隋文帝下令崇佛的詔書中有「廢像遺經，悉令雕撰」的話語，表明當時已經有了雕版印刷。此後，關於雕版印刷的文獻紀錄更是多不勝數。

現存最早的雕版印刷實物，是一九六六年在南朝鮮發現的陀羅尼經，刻於西元七○四至七五一年間。

現存最早的明確標有出版年代的雕版印刷品，是唐咸通九年（西元八六八年）由王介出資刻印的《金剛經》。這份印刷品，是由每張長七十六·三公分與寬三○·五公分的印頁粘連起來，聯成一幅總長四八八公分的長卷。扉頁還印有一幅釋迦牟尼對須菩提的說法像。這份印刷品是一九○○年在敦煌發現的，但在一九○七年被斯坦因盜到英國倫敦去了。

❶金剛經

這是在甘肅敦煌發現的唐咸通九年（868年）刻印的《金剛經》。

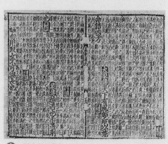

❶《詩集傳》

這是宋代刻印本《詩集傳》。《詩集傳》為朱熹所撰，共二十卷，是宋儒研究《詩經》的一部重要著作。該本刊印精絕，紙墨如新，為傳世孤本。

雕版印刷技術發明以後，很快應用於生產和生活中。在唐代宗寶應元年（西元七六二年）後，已經有了商業印刷，而且不久還出現了印刷商人交易、納稅的憑證「印紙」。

當時的印刷品，主要是宗教用品（佛像、佛經）、文教用品（詩集、學術著作、教科書等）、科技及日用品（醫書、曆書等）。

到五代後唐長興二年（西元九三一年），由馮道等倡議發起刻印儒家經典，一直到後周廣順三年（西元九五三年）刻成「九經」、《五經文字》、《九經字樣》各兩部共一百三十冊，歷時二十二年。從此，開創了政府的出版事業。

中國發明了雕版印刷術後，迅速地傳入了朝鮮、日本等鄰國，到十三世紀末傳入了伊朗，然後又傳到了歐洲與非洲的埃及。歐洲現存最早的雕版印刷實物，是一四二三年德國人印刷的「聖克利斯托夫」畫像。

從此，人類的文化傳播進入了一個嶄新的時代，中國的發明再次為全人類作出了巨大的貢獻！

❶《周易會通》
這是元代刻印本《周易會通》。

《熾盛光九曜圖》印本
在山西應縣出土的遼代《熾盛光九曜圖》印本。此印本刻工精細，線條遒勁，是目前所知中國古代木刻著色立幅中時代最早、篇幅最大（94.6cm×50cm），刻印最精的珍品。

八、藥事‧藥典‧藥王

醫藥業的隋唐盛世

　　隋唐的盛世,在醫藥業的表現更是盡顯無遺,無論是在哪個方面,都遠勝於前代。

▌醫藥的國家管理

　　隋唐時期對醫藥的重視,最集中的體現就是建立了完善的國家醫藥機構與醫藥教育制度。國家醫療機構的建立,並非隋唐時期首創,早在三千年前的商、周時期已經開其端緒,以後各朝各代也都承續而下。但隋唐時期的國家醫療機構更為完善,標誌著一個新階段的開始。

　　當時的醫藥機構主要是尚藥局,隋文帝時隸屬於門下省,設典御(正五品)為其最高長官,直長次之。下設侍御醫及醫師四十人。隋煬帝時,尚藥局改隸殿內省,典御改名為奉御,人數增加到兩百多名。

　　唐代的尚藥局隸屬殿中省,設有奉御二名(正五品下)、直長四名(正七品下),總人數增加到三百多名,負責宮廷的醫藥事務。另外,又有太醫署負責政府官員的醫藥事務,屬太常寺。這樣的醫藥機構,在五代時期基本上得到了延續。

　　國家的醫藥教育源起於魏晉南北朝,但那時只是很微弱的萌芽狀態,真正顯山露水、茁壯成長,則是在隋唐時期。隋朝開始以太醫署為國家最高醫學教育機構,唐代繼續如此。

　　太醫署的最高行政長官為太醫令(從七品下),以丞(從八品下)為副助,又有醫監(從八品下)、醫正(從九品下)等官員進行管理。

　　具體的教學內容分為醫學與藥學兩大部分:

　　醫學部分,分為醫、針、按摩、咒禁四科。每科都設博士、助教、師、工等以教授輔助學生。其中醫科的學生,首先必須學習《甲乙經》、《脈經》、

本草學等最基本、最必要的課程，然後再分細科為體療（相當於內科，收學生十人，學期七年）、瘡腫（相當於外科，收學生三人，學期五年）、少小（相當於小兒科，收學生三人，學期五年）、耳目口齒（相當於五官科，收學生二人，學期四年）、角法（相當於拔火罐等理療外科，收學生二人，學期三年）。針科主學經絡、針刺，收學生二十人。按摩科主學導引、推拿與跌打損傷的診治，收學生十五人。

以上各科是至今猶存的、真正的醫學科學，另外還有一科則是現代大多人不知道、不熟悉的，那就是「咒禁科」。瞧著這個名稱，就知道這是一門宗教性的偽醫學，但在古代卻是「登堂入室」的「正牌」醫學學科。在這裡就不多介紹了。

這些學生每月都要由博士主考一次，每季由太醫令丞主考一次，年終由太常丞總試。成績優秀的，可以補授官職；連續兩年不及格的，則勒令退學。

藥學部分，設有專職官員與主藥、藥童等，又有面積約三頃的藥園，招收十六至二十歲的農家子弟為藥園生，學成後可擔任藥園師。

除了國家級的醫學教育外，還有地方的醫學教育，使得醫學人才的培養更為普遍。

唐高祖武德七年（西元六二四年），唐政府頒行了完全仿照國子監科舉制的醫生考試選用方法。方法包括生徒、貢舉、制舉三種方式：

生徒，是由太醫署與地方醫學選取成績優良的學生，送太常寺考試合格，可授予醫官之職。

貢舉，是未入醫校而在州縣與京師太常寺逐級考試而合格的。

制舉，是醫術特別出眾、由皇上親選的。

透過這樣一些途徑，宮廷、政府希望能選拔出最好的醫生。

醫藥事業有關人的生命安全，當時的法律也有許多的規定。這些法律，在《唐律》中有相當多的記載，從中可以看到醫事法規的立項已經開始較為全面、完善。

【知 識 百 科】

「本草」熱

　　《新修本草》問世以後，在當時的醫學界掀起了一個「本草」熱，或是對《新修本草》糾錯補遺，或是另闢蹊徑。在當時，最為出名的本草著作還有：陳藏器的《本草拾遺》十卷，補遺《新修本草》甚多；孟詵《食療本草》三卷，孟詵曾師從孫思邈，深得其師重視食療的思想而成本書；李珣《海藥本草》六卷，主要記載外來藥及嶺南藥；另外還有鄭虔《胡本草》、王方慶《新本草》、韓保昇《蜀本草》以及《滇南本草》等，大多反映了地方特色與民族特色。

■第一部官修的藥典

　　中國第一部藥典《神農本草經》從漢代誕生以後，雖然歷經注說，但隨著醫藥科學的發展，它的落後性日益顯示了出來。

　　終於，盛世的大唐決意重修一部更為傑出的藥典。

　　唐顯慶二年（西元六五七年），經蘇敬提議，唐王朝組織了長孫無忌、許孝崇、李淳風、孔志約等二十二人與蘇敬等一起共修新本草。

　　為了修好這部本草，唐王朝下令在全國範圍徵求藥物，繪出圖譜。同時，對舊有記載的藥物一一進行核驗。顯慶六年（西元六五九年）終於修成了這部《新修本草》。

　　《新修本草》，又名《唐本草》、《英公本草》、《英公唐本草》。全書共五十四卷，分為三大部分：

　　（一）《本草》二十卷，是全書的正文；（二）《藥圖》二十五卷，《目錄》一卷（五十三卷本無）；　（三）《圖經》七卷。

　　《新修本草》共收有藥物八百五十種，分為玉石、草、木、獸禽、蟲魚、果、菜、米穀與有名無用九部，前面八部又都分上、中、下三品。每種藥物的藥性、產地、採製要點、療效等等，都有記載。凡是新增的藥物，都標明「新附」、「新注」。

《新修本草》是中國也是世界上第一部由國家政府組織修纂頒行的藥典，比世界上其他任何一部國家藥典至少要早五至八個世紀，因此有著「世界第一部藥典」的美稱。

可惜的是，《新修本草》到北宋時就已經佚失了，現在人們所能見到的，只是後人根據一些殘本與其他書中輯出的內容，與原書相去甚遠。這又是一個重大的損失！

▌藥王與名醫

隋唐五代時期，由於國家對醫藥事業的重視，醫學名家迭出不盡，醫學名著成批湧現。

藥王孫思邈

這時期最傑出的醫學大師，當然要數孫思邈。

孫思邈（西元五八一～六八二年），京兆華原（今陝西耀縣孫家原）人。因為他又是著名的道士與煉丹家，加之他特別長壽，所以人們尊稱他為「孫真人」。

孫思邈從小就十分聰穎，很小就完成了各種學業，而使他最終選擇走上從醫道路的原因，則是因為他自己幼時體弱多病以致耗盡家產，所以他立志行醫來造福於民。

由於孫思邈深深地以解救民眾的疾苦為己任，醫德高尚，精研醫術，他的醫術達到了爐火純青的峰巔，成為當時最傑出的醫學大師。

孫思邈的醫學成就與貢獻，最集中的體現就是他的《備急千金要方》一書。

《備急千金要方》，簡稱《千金要方》或《千金方》。書名用「千金」二字，是為了表明他「人命至重，有貴千金」的思想。書名又用了「方」字，表明原意本

🔴 **孫思邈像**
唐代醫藥學家孫思邈一生好學，醫術高明，且醫德高尚，對病人不分貧富貴賤，一視同仁，精心治療。他既繼承了中國古代中醫學的優秀傳統，又根據自己行醫五十年的實踐加以豐富補充，開闢了中醫學史上勇於創造的新風。主要著作有《千金要方》和《千金翼方》。

是一本方劑學的醫書，但實際內容大大超越了「方書」的範疇，從醫德醫倫到具體的診法、處方、食養、導引、按摩、針灸，以至咒禁之類，無所不備，實際上是一部臨床醫學的百科全書。

全書共三十卷。卷一為總論，是對習業、精誠、理病、診候、處方、用藥等理論性的總述；卷二至四論婦產科的診治；卷五論兒科病的診治；卷六論五官科的診治；卷七至二十一論內科病的診治；卷二十二至二十三論外科病的診治；卷二十四至二十五論解毒與急救（相當今天的急診）；卷二十六論食養、食療；卷二十七論養生、導引、按摩等；卷二八論脈診；卷二十九至三十論明堂、孔穴等針灸技術。全書共分二三二門，合方論五千三百首，規模與門類都是空前的。

《千金要方》最主要的成就，在於以下三個方面：

（1）、對醫德醫風的高度重視。

孫思邈的醫學思想體現了人道主義思想，提出「貴賤貧富、長幼妍媸、怨親善友、華夷愚智」，都要如同「至親」一般；他要求醫生不能「自慮吉凶，護惜身命」，必須視病人的疾苦「若己有之」，必須「勿避險巇、晝夜寒暑、飢渴疲勞，一心赴救」。其次，他要求醫生必須是「省病診疾，至意深心；詳察形候，纖毫勿失；處判針藥，無得參差」；「臨事不惑」，「審諦覃思」。

（2）、對疾病與醫科分類的探索。

從全書來看，孫思邈對醫科的分類已經較為完善合理，婦、兒、內、外、五官諸科的分類，與現代的分科基本一致。而孫思邈特立的解毒與急救、導引與按摩、脈診與針灸，則與現代的急診、推拿、針灸諸科相當，可見確有其合理的核心在其中。

孫思邈第一次將婦產科從「少小科」獨立了出來，而且將婦、兒兩科列在各科之首，這既反映了他對婦女兒童特別的同情，也反映出了他對這兩科疾病的獨特性比他人認識得更為清楚、深入。

再者，他對內科疾病的認識頗具卓識。除了像風病、傷寒等全身性

的疾症外，其他的都分別歸入互相表裡的五臟六腑門類中，這是一個很合理的細類劃分法，是孫思邈的首創。

（3）、精深博大的診治醫術。

孫思邈的醫術之精湛，是眾口皆碑的，在《千金要方》中，幾乎每一種疾病都體現出了這種特色，以下只能略舉數例。

第一次揭示了消渴病（糖尿病）病人的尿是甜的這一診斷要點，而且特別指出了在治療中飲食作用的重要性。

書中第一次記述下頜骨脫臼手法復位的技術，創造了用蔥管導尿技術，用雞翎做成鉤針進行眼科與口腔小手術等。繪製分娩「產圖」，用於指導產婦與接生者。這個方法，與現代西醫完全吻合。

開闢了世界醫藥學史上的新途徑——飲食療法。他用穀白皮煮粥，常食治療腳氣，用動物甲狀線治療大脖子病，用動物肝臟治療夜盲症，用動物腎補腎，用甲魚殼治療小兒佝僂病等等。

經絡學說與針灸技術是中國的獨特醫術，孫思邈在前人的基礎上繪製了新的針穴經絡圖（古稱「明堂圖」），更為明晰、正確。孫思邈總結、創造出了非經絡體系的「阿是穴」與經外奇穴，並一直沿用至今。

在《千金要方》之後，孫思邈還寫了《千金翼方》來補充前書，兩書共成一個整體，但後書的成就明顯不如前書，其迷信的成分更多了。

郵票上的孫思邈

這是1962年為紀念孫思邈在醫藥學上的成就而發行的郵票。孫思邈曾被人稱為「藥王」。他的故鄉在秦嶺，他走遍各大名山，搜集藥材，特別重視醫藥中的特效藥，如治療甲狀腺腫和腳氣病的驗方，比西方早一千年。

總之，《千金要方》與《千金翼方》是孫思邈對前代與民間醫學成果的集大成之作，也是他個人醫學成就的結晶，無論在中國還是世界醫學史上，都享有極高的地位與聲譽。

這兩部醫書問世後，不僅在中國成為學醫者的必讀著作，在日本與朝鮮也產生了重大的影響。書中的許多思想與技術，至今仍然栩栩生輝、光彩依舊！

巢元方《諸病源候論》

巢元方是隋朝大業年間的太醫博士，當時他與一些醫士奉詔修纂醫書，最終寫成了這部《諸病源候論》。

《諸病源候論》，簡稱《巢氏病源》，成於隋大業六年（西元六一○年）。全書共五十卷、六十七門、一七二九論，其中卷一至二十七論風熱虛寒的內科病，共七八四條；卷二十八至三十六論外科病，共四○七條；卷三十七至四十四論婦科病，共二八三條；卷四十五至五十論兒科病，共二五五條。

這部書特點鮮明，主要是論述各種疾病的病因、病理、病機、病變，也就是疾病的診候理論，而對於治療只是略提一下，或忽略不談。

本書的醫學成就，主要體現在以下幾個方面：

首先是創造了疾病記載的數量之最。從全書可見，疾病有一七二九種，據南宋陳言《三因方》所載，原本應有一千八百多種，可能曾有些佚失。但就算一七二九種，在當時已經是數量之最了。

其次是詳細準確記載了疾病症狀。此前的醫書大多重治療，對於疾病症狀的記載或詳或略，有的甚至全然省卻。本書除了對大病作特別詳細記載外，對小病也有準確的描述，使學醫者很容易掌握。即使是現代人，也能很準確地與現代病名相對照起來。這些詳細準確的病症記載，是當時無數行醫者臨床觀察經驗的總結，絕不是能憑空杜撰出來的。

再次是具體分析了疾病機理。在這一點上，本書以《內經》為本，再加以具體的闡發。這些闡發，使得原本比較抽象難懂的《內經》理論，能夠與臨床的實踐緊密地結合起來，對於完善整個醫療理論體系有著很大的作用。

本書問世以後，成為後世行醫者必讀的醫書之一，也成為了後世醫書的借鑑對象。如孫思邈的《千金要方》、王燾的《外臺秘要》等等，都不同程度地借鑑過本書。特別是王燾的《外臺秘要》，醫論部分幾乎全都是引自本書的，可見本書在當時的影響之大。

其他名醫與名著

王燾的《外臺秘要》，是唐代又一部綜合性的大型醫書，全書共四十卷，共分一〇四八門（舊載為一一〇四門，可能有佚失）。其中醫論部分引《巢氏病源》為主，醫方部分引《千金要方》為主，共引醫書六十九家、二八〇二條，可謂是保存之功居偉。

范汪的《范東陽方》一七〇卷，法支存的《申蘇方》五卷，秦承祖的《脈經》六卷、《秦承祖藥方》四十卷，徐文伯的《徐文伯藥方》二卷，徐之才的《徐王方》五卷、《徐王八世家傳效驗方》十卷、《雷公藥對》二卷，陳延之《小品方》，姚僧垣的《集驗方》，王冰注《素問》等等，對後世都有很大的影響。

還有一部很值得重視的少數民族醫書，即當時吐蕃宇陀·元丹貢布等共同撰著的《四部醫典》。它是一部綜合性的大型藏醫著作，是藏醫學的一部集大成著作。全書有總則本、論述本、密訣本、後續本四大部分，所以命名為《四部醫典》，細分一五六章，二十四萬字左右。

總則本，共六章，記述人體生理、病理、診斷、治療的一般理論與知識。論述本，共三十一章，記述人體解剖構造、藥物性能、醫療器械、治療原則等，附有彩圖三十五幅。密訣本，共九十二章，記述各種具體疾病的診斷與治療，附有彩圖十六幅。後續本，有二十七章，記述診斷方法與方劑配合，附彩圖二十四幅。

❶藏醫醫療器械圖 這是清代的亞麻布畫，其中內容為據《四部醫典》繪製的藏醫醫療器械，該圖所收繪之藏醫醫療器械計約90種，包括：各種論斷器械、外科手術器械、治療器具等，充分反映了藏醫學醫療技術的發展水準。

伍

凌當絕頂的風采
（宋元時期）

在五代時期的短暫分裂之後，中國的歷史又迎來了一個相對穩定的時期。

從西元九六○年北宋建立到西元一三六八年元朝滅亡的四百多年間，只有在北方地區出現了民族間的紛爭與戰事，在南宋時出現了南北的對峙，其他時間則基本保持了穩定。

相對穩定的環境，加之隋唐以來的發展，使得這時期在經濟、文化上都有了新的發展。

古代中國的科學技術，將步入歷史上最為燦爛輝煌的黃金歲月！

一、火藥‧指南針‧印刷

三大發明的「立身揚名」

古代中國最為著名的「四大發明」，除了造紙技術早已成熟外，其他的三項都是在宋代獲得了重大的突破才真正「立身揚名」。

▌火藥與火藥武器

火藥的發明是在唐代，而真正的發展則是在宋代。

火藥在宋代的發展，表現在以下幾個方面：

其一，火藥製造開始走出煉丹房，製造者由煉丹家們變成研究者與工匠。

火藥本來就不是煉丹家們所一心想要的不死藥，當他們把火藥獻給了軍事家們後，也就不再在提高火藥的威力上多下工夫了。

而軍事手工業的研究者與工匠們，則對火藥這一新事物極感興趣，為他們的研究開闢了新的用武之地，他們也就成了這一領域的新主角。

其二，火藥的配方開始成熟化。

唐代的火藥配方只是剛剛開始嘗試的階段，各種火藥的方子都不固定，也沒有較為定量的比例。到了宋代，配方的定量逐漸地固定化、合理化。

在宋代著名的《武經總要》中，記載有三個火藥的配方——毒藥煙毬、蒺藜火毬、火砲火藥，雖然它們的具體用途不一，而且因不同用途在配方中加入了不同的輔助藥物，但最基本的配方已經基本固定，由硫磺、煙硝、木炭構成為最基本的成分。

最重要的是，這三種成分的比例形成了較為合理的定量化。在唐代的火藥配方中，硫與硝的比例是一比一，兩者基本等量。而在以上所舉的三個

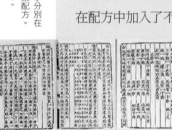

北宋三種火藥配方

北宋曾公亮的《武經總要》一書中，收錄了分別在毒藥煙毬、蒺藜火毬、火砲使用的三種火藥配方。它們是硝、硫、炭三元火藥體系的完整形態。

火砲

這是火砲，可以把火藥包拋入敵群，爆炸殺傷敵人。

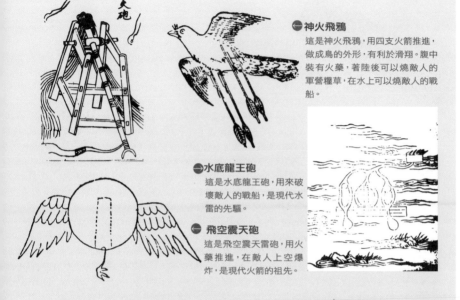

神火飛鴉

這是神火飛鴉，用四支火箭推進，做成鳥的外形，有利於滑翔。腹中裝有火藥，著陸後可以燒敵人的軍營糧草，在水上可以燒敵人的戰船。

水底龍王砲

這是水底龍王砲，用來破壞敵人的戰船，是現代水雷的先驅。

飛空震天砲

這是飛空震天雷砲，用火藥推進，在敵人上空爆炸，是現代火箭的祖先。

火藥配方中，硫與硝的配比已經增加為一比二至近於一比三。這個比例已經與後世黑火藥的配方比接近了。

其三，火藥武器愈益豐富與火藥配方愈益多樣化。

火藥最初在軍事上的使用，是做為強燃燒劑替代油脂柴草之類。據《宋史‧兵志》記載，最早的火藥武器是馮繼昇呈獻的火箭，後來又有火毬、火蒺藜、毒藥煙毬等，都是這類武器。

從《武經總要》所記載的毒藥煙毬與蒺藜火毬的配方來看，根據具體用途的不同，除硫磺、煙硝、木炭這些最基本的成分外，還分別加入了草烏頭、芭豆、砒霜與瀝青、乾漆、桐油、蠟、麻茹、竹茹等，使得配方更豐富多彩。這樣的配方，顯然是經過一定時期的試驗與提高才形成的。

火藥的真正威力是在它做為爆炸物的時候，即火砲武器出現的時候。這個時候，開始於北宋末年。

當時的火砲，大致有紙製、陶製、鐵製等數種，威力最大的當然是鐵製的，相傳是「聲如雷霆」、「聞百里外」，「人與牛皮皆碎迸無跡」、

「甲鐵皆透」（《宋史》、《金史》有關記載甚多）。但這些火砲，基本上類似於後世的炸藥包、炸彈、地雷之類的爆炸武器，還不是真正的管射火砲。

最早的管形火器產生於南宋初年，是從筒箭的啟發中產生的，稱之為突火槍。突火槍是以竹筒打通後製成的，內裝火藥，長的要兩人共抬，放時如炮聲，「遠聞百五十餘步」。據《金史》記載，突火槍的火藥配方中除了硫磺、煙硝、木炭外，還有鐵滓、磁末、砒霜等。這時的火藥配方更有提高，能夠做到火藥燒盡而竹筒不損壞。

至於銅製的或鐵製的火砲（當時稱「銃」），則大致產生於元代，現在中國歷史博物館所藏最早的金屬火砲是元至順三年（西元一三三二年）所造的銅火銃。這種火砲填裝的已經不是鐵渣、磁末，而是特製的「子窠」，威力更大，已經接近於後世的炮彈頭了。

管形火器的產生，是兵器史上的一個新的里程碑，是現代兵器的先河，具有極其重大的意義。

▌指南針與航海

磁石與磁鐵的定向性性質，我們的先祖在先秦時已經發現，並且在戰國時製成了最早的指向器具「司南」。

司南，實際是一種用天然磁石製成的、樣子為圓底的勺子，再放置在刻有方位的「地盤」上，勺柄能指向南方。這是我們的先民一項偉大的創造發明。

由於天然磁石的磁性弱，而且在製作過程中遇擊、遇熱、受力時易於失磁，磁勺與地盤間的摩擦阻力較大，所以指南效果不佳，使得司南長期得不到推廣普及。

突火槍

這是南宋理宗開慶元年（西元1259年）宋軍發明的管狀火器──突火槍。它以巨竹筒為槍身，內部裝填火藥與子窠（子彈）。點燃引線後，火藥噴發，將子窠射出，射程遠達150步（約230公尺）。這是世界上第一種發射子彈的步槍。

○指南針碗
元代指南針碗，碗內底部繪有指南浮針的圖形。

　　這樣的狀況一直到宋代才有了新的突破；這個新的突破，就是人工磁化技術的發明，它最終促成發明了指南針。

　　當時的人工磁化技術，主要有兩種方法：

　　一種是用天然磁石磨擦鋼針，使鋼針磁化（見《夢溪筆談》卷二十四）。這個方法的特點是簡便易行，只是必須先要獲得磁石，而且鋼針磁化後的磁性較弱。

　　另一種是薄鐵片剪成所需的形狀（一般較小），然後放入炭火中燒紅，用鐵鉗鉗出後，將尾部對準子位（北方），放入冷水中蘸火（只要尾部入水），再放入密閉的磁性匣子中，鐵片就能獲得較強的磁性（見《武經總要》前集卷十五）。

　　這後一種方法，是一種利用地球本身的強大地磁場使鐵片磁化的方法。放在火中燒，是使鐵片內部的分子活化，便於磁化。再淬火（即蘸火），就能使鐵片鋼性化，使磁性不易退化。尾部對準北方，即頭部對準南方。驟然的降溫，內部分子在地磁場的作用下重新排列而獲得磁性。但這時獲得的磁性仍較弱，所以最後要放入磁匣中，增強磁性。

　　人工磁化的整個過程無疑是多次實踐的經驗總結，最終形成為一個完善的程序。這個方法的發明，在磁學與地磁史上，都是一件意義特別重大的事，表明了人類在這個領域開始邁入了自由王國。

　　由於在人工磁化技術上獲得了如此重大的突破，也才有了下一步——指南針的發明。

　　「指南針」，是現代流行的指向儀器稱呼，古代則因為有魚、龜、針等不同的形狀而稱呼各異。當然，具體是什麼形狀並不重要，重要的是什麼樣的裝置形態。

　　現在可知當時的裝置形態共有五種：

○司南（模型）
這是漢代司南（模型）。司南由青銅地盤與磁勺組成。地盤內圓外方，中心圓面下凹，圓外盤面分層次鑄有八天干、十二地支、四卦，標示二十四個方位。磁勺是用天然磁體磨成，置於地盤中心圓內，靜止時，因地磁作用，勺尾指向南方。

水浮法指南針（模型）

北宋四種指南針之一——水浮法指南針。將幾段燈草橫穿在帶磁性的鋼針上，放在盛水的瓷碗中，燈草連同磁針浮於水面，磁針即指示南北。這種指南針實用性強，最先應用於航海導航。

一是「水浮」法。或是將磁針穿在燈草芯中，放在水面上；或是用鐵片做成魚形，釘上木片，浮在水面上，這就是指南魚，對人而言，多幾分生動感。

二是「指爪」法。是將磁針放在指甲蓋上，讓磁針自由轉動指向。

三是「碗唇」法。將磁針平放在碗唇上，磁針會自由轉動。

四是「縷懸」法。用細絲繫在磁針中間，用蠟少許固定，再懸掛在沒風的地方，磁針總是指向南方。（以上四法見《夢溪筆談》卷二十四，第一法又見《武經總要》前集卷十五）

五是支點法。用較輕的木頭刻一隻烏龜，龜內安裝磁鐵一塊，再在龜腹上挖出一個尖狀的光滑小穴。另外用一塊木板，豎立一根竹釘。再將龜腹的小穴對準安放在竹釘上，木龜能自由輕便地轉動，就會頭朝向南方。（此法見《事林廣記》）

在以上諸法中，「水浮法」與「支點法」的價值最高，因為它們就是後世水羅盤與旱羅盤的先聲。

指南針誕生以後，得益最大的要數航海事業。在此之前，白天以太陽定方位，黑夜以月亮、星辰定方位，如果是天陰而見不到日月星辰，也就無法定方位，只能停航了。自從有了指南針，就不管白天黑夜、天氣如何，都能航行了。

早在北宋元符至崇寧間（西元一〇九八～一一〇六年），朱彧《萍洲可談》與稍後徐兢《宣和奉使高麗圖經》中，都明確記載了用指南針導航的事實。

古代中國先民的這項卓越的發明創造，在絲綢之路的駝鈴聲中傳到了阿拉伯國家。大約在西元一一八〇年左右，又由阿拉伯傳入了歐洲。

指南針發明後，人類全天候航行的能力得到了極大的提高，中國為全人類航行能力的提高作出了無可替代的卓越貢獻！

縷懸法指南針

北宋四種指南針之一——縷懸法指南針（模型）。其結構是：以獨根蠶絲用蠟黏接磁針中部，懸掛於木架上，架下放置方位盤。磁針垂於方位盤中心上方，靜止時，因地磁作用，其兩端分指南北。

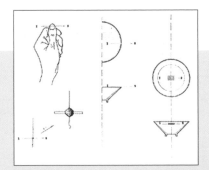

①縷懸法、水浮法、指甲法、碗脣法指南針示意圖

這是北宋時製造的縷懸法、水浮法、指甲法、碗脣法這四種磁性指南工具。縷懸法是用蠶絲黏接磁針中部，懸掛於木架上來指示南北。指甲法和碗脣法則是將磁針分別放在指甲或碗脣上，磁針以接觸點為支撐，可左右擺動，靜止時，其兩端分指南北。

①地磁偏角示意圖

這是地磁偏角示意圖。地球本身是一磁場，有南北兩個磁極，其連線稱為磁子午線。地球南北極是人類用以標示方向的基點，其連線稱地子午線。磁極與地極並不重合，故磁子午線與地子午線交叉，形成夾角，這就是地磁偏角。地磁偏角因地點、時間的不同而經常變化。北宋科學家沈括以縷懸法指南針作試驗，首先發現了地磁偏角。

▎印刷第二篇

　　隋唐時期發明的雕版印刷，宋元時代大為普及，而且形成了汴梁、蜀中、建陽、杭州等印刷業的中心地區。

　　宋代初年，成都地區印行規模巨大的《大藏經》一〇七六部、五〇四八卷，從開寶四年（西元九七一年）開始，歷時十二年才完工。到了南宋初紹興二年（西元一一三二年），王永從在湖州刻佛經五千四百卷，一年就告完工。可見雕版印刷在當時發展之迅速。

　　宋版圖書聲譽極高，是古籍中的精品，這不僅是因為時代之早，還由於宋版書刻工精良、版式精美，每觀其書，既能得到知識，又能得到美的享受，這是宋版書所獨有的絕世風采！

　　雕版印刷的發明，是人類印刷史上一個重大的突破，但雕版印刷也有不足之處。這不足之處表現為：一是刻一部書費時費工，大部長卷甚至要多年才能完成；二是版片占地甚大，如果還想重印，保存就極不容易，如果印書多了，要用多少房子來保存呢？

　　終於，在宋代迎來了人類印刷史的第二篇——活字印刷。

壹 貳 參 肆 伍 陸

畢昇像
這是中國古代著名發明家畢昇，他於宋仁宗慶曆年間（西元1041—1048年），發明了活字印刷術。

經已後典籍皆為板本慶曆中有布衣畢昇又
為活板其法用膠泥刻字薄如錢脣每字為一
印火燒令堅先設一鐵板其上以松脂蠟和紙
灰之類冒之欲印則以一鐵範置鐵板上乃密
布字印滿鐵範為一板持就火煬之藥稍鎔則
以一平板按其面則字平如砥若止印三二本未為簡
板印書籍唐人尚未盛為之自馮瀛王始印五

板一板印刷一板已自布字此印者纔畢
則第二板已具更互用之瞬息可就每一
字皆有數印如之也等字每字有二十餘
印以備一板內有重複者不用則以紙

❶泥活字板

這是北宋畢昇發明的泥活字板印刷術（示意模型）。排版時用兩塊帶框的鐵板，板上鋪一層松脂、蠟、紙灰的混合物。先將泥活字依據需要排在一塊板上，用火烤板底，混合物遇熱熔化，再取另一鐵板將字壓平，待混合劑凝固，就可印刷了。另一鐵板接著排字，兩版交替使用，第一版完後，再加熱熔化藥劑，就能將活字取下，另行排新字。

❶畢昇活字印刷

這是北宋沈括所著的《夢溪筆談》中關於畢昇活字印刷的記載。

據《夢溪筆談》所載，北宋慶曆年間（西元一〇四一～一〇四八年）有一位平民畢昇發明了用膠泥刻字，再用火燒硬，然後在一塊鐵板上將松香、蠟、紙灰等混在一起放上，圍上鐵框，將泥活字排滿後，在火上一烘，松香和蠟就會融化，再冷卻後就將所有的泥活字都黏在了板上。印完以後，再用火一烘，松香和蠟又都融化了，就能取下泥活字，以後再用。

　　當然，實際使用時，活字要多造一些，常用字與特別常用字就更要多造一些。這樣，才能用得過來。

　　畢昇曾經嘗試用木材試製活字，但當時由於一些技術問題未能解決，最後還是只能用泥活字。

　　但我們的先人們並沒有因此而止步，他們繼續不懈地努力，終於攻克了許多的技術難關，製成了木活字。木活字與泥活字相比，自然是更為經久耐用。

　　木活字最先是何人製成的，現在已經不得而知。今人所能見到最早有關木活字的記載，見於元代王禎的《農書》。

　　王禎在《農書》中，對於木活字的書寫、刻製、修整與木活字排版

印刷等問題有較詳細的記載。從中可以看到，畢昇當年製作木活字未能成功的諸多問題，在王禎手下都已基本得到解決。

王禎還發明了轉輪字架，一個排字工身邊左右各放一個字架：一個是韻輪字架，是按音韻次序排列存放木活字；另一個是雜字輪字架，放上一般的常用雜字。工作時，一人在旁按稿件上的文字逐個報出韻部編號，排字工就能迅速地在架上取字排版，工作效率極高。

據記載，王禎在安徽旄德指導工匠製作了木活字三萬多個，並且在元大德二年（西元一二九八年）試印六萬多字的《旄德縣志》，結果不到一個月就印出了一百部，而且品質極佳。

從此，木活字逐漸地取代了泥活字，成為古代時期活字的主體。

從元代開始，還有人開始嘗試製作金屬活字，王禎的《農書》中就記載了「近世又鑄錫作字」。此後，出現了銅、鉛製作的活字，大大擴展了活字的材質，並且最終成為近代的主體活字。

活字是古代中國的一項偉大的發明，從雕版到活字，中國人民以其天才與勤奮為世界科學與文明作出了無與倫比的巨大貢獻！

《吉祥遍至口和本續》
在寧夏賀蘭出土、用西夏文木活字印刷的佛經《吉祥遍至口和本續》，是最早的木活字印本之一。

【知識百科】

現存時代最早的活字印刷

現代對印刷技術探源的研究中，發現早在春秋中期的著名青銅器秦公簋的銘文中，就已經有了活字字體，明顯地可以看到幾個相同的字是用同一個字模製作出來的。

近年來，中國學者在整理俄羅斯所藏的舊黑水城西夏文獻時，發現了四種現存最早的活字印刷文獻，其中有泥活字印本《維摩詰所說經》、木活字印本《德行集》、《三代相照言集文》、《百法明鏡集》，都是佛教經典。另外，敦煌博物院在絲綢之路上發現了六枚回鶻文的木活字。

這些都是現存時代最早的活字印刷實物。

二、沈括

「中國整部科學史中最卓越的人物」

在宋元這個古代中國科學技術最高的巔峰時期，人才輩出、成果卓著，而最傑出、最偉大的人物，要數宋代的天才大師沈括了。

英國著名科技史學者李約瑟稱頌他是「中國整部科學史中最卓越的人物」。

日本數學家山上義夫認為：「沈括這樣的人物，在全世界數學史上找不到，唯有中國出了這樣一個。我把沈括稱作中國數學家的模範人物或理想人物，是很恰當的。」

美國科學史學者席文則稱沈括是「中國科學與工程史上最多才多藝的人物之一」。

那麼，沈括究竟有什麼重要的貢獻呢？

沈括（西元一〇三一～一〇九五年），字存中，北宋錢塘（今浙江杭州）人。出身於一個官宦世家，從小就受到良好的教育，打下了紮實的基礎。

沈括弱冠時就踏上仕途，二十三歲考中進士，熙寧五年（西元一〇七二年）兼任提舉司天監，主持修撰奉元曆以取代唐代的大衍曆，後來又參加了王安石變法。幾經坎坷後，在元祐二年（西元一〇八七年）因完成《天下州縣圖》（亦名《守令圖》）而被特許「任便居住」，次年（西元一〇八八年），他正式結束三十多年的仕途生涯而定居於潤州（今江蘇鎮江）夢溪園，開始了晚年生活。就在這裡，他寫出了一系列重要的著作，一直到他故世。

從以上所述來看，沈括的一生似乎並沒有什麼驚天動地的創造發

明，那麼，他又是怎麼獲得世界學者們的高度評價呢？

沈括在世界科技史上的崇高地位，是由兩個方面的成就所奠定的。

一是具有極其淵博的科學技術知識。

沈括一生最美好的時段，都耗費在具體繁雜的政事上。從皇祐三年（西元一○五一年）到元祐二年（西元一○八七年）的三十六年中，沈括頻繁地從一個官職調到另一個官職，大多的官職與科學技術沒有什麼直接的關係。但沈括對一切知識（包括自然科學與社會科學）都有著痴愛之情，在繁忙的政務之餘，在那點滴的縫隙之間，他像海綿吸水那樣吸取一切知識。憑著這樣的擠勁與鑽勁，沈括成為了一個學識極其淵博的大學者。《宋史・沈括傳》說他「博學善文，於天文、方志、律曆、音樂、醫藥、卜算無所不通，皆有所論著」，非但毫不過分，反而還有些不足（因為沈括所通曉的領域遠不止此）。

沈括一生的著述甚豐，共有四十種左右，在《宋史・藝文志》中著錄的就有二十二種、一五五卷之多。可惜其中大多已經佚失了，現在能

夢溪園內沈括紀念館
鎮江夢溪園內的沈括紀念館。

⤵ 《夢溪筆談》書影

　　沈括的《夢溪筆談》集中體現了他的科技成就和科學思想。

見到的只有《夢溪筆談》、《補筆談》、《續筆談》、《蘇沈良方》、《忘懷錄》、《長興集》等。

　　沈括的科學技術知識與思想，主要體現在《夢溪筆談》（包括《補筆談》、《續筆談》）與《蘇沈良方》中。《蘇沈良方》是一部醫方彙編，體現了沈括在醫學領域耕耘的成果。《夢溪筆談》則是沈括知識思想最集大成的總匯。

　　《夢溪筆談》共有三十卷，分十七類、六〇九條，共十餘萬字。按照李約瑟的統計，其中有二〇七條與自然科學相關，涉及陰陽五行理論、數學、天文與曆法、氣象、地質與礦物學、地理與製圖、物理學、化學、工程、冶金及工藝、灌溉與水利工程、建築、生物學、植物學與動物學、農藝、醫藥與製藥學等學科。實際上，涉及了古代自然科學所有的領域。

　　有著如此廣博的知識，這世上又有幾人能望其項背呢？

　　二是致力於極其精深的科技理論探索。

　　由於種種條件與原因的限制，沈括一生很少有緣親自進行科學技術的實踐，而且在這方面似乎不具備特別的天賦，因此，在有限的一些實踐中雖然也有了一些成就，但並沒有獲得特別重大的突破。

　　沈括的天賦，主要在於理論上的探索，在這方面，他獲得了超越當時人們的諸多成就。

　　在天文學領域，沈括曾兼任過提舉司天監一職。在此任上，他主持製造的渾天儀，一改唐代極繁的風習，最先刪去了白道環，放大了窺管口；他主持製造的浮漏，把曲筒管改為直頸玉嘴，並移到了壺體下部，使流水更舒暢，這個改動一直延用到清代；沈括還主持制定了奉元曆，這部曆法沒有什麼出眾之處，但他主張「根據實測來修曆」的思想成為後來郭守敬修曆的指導理論。

與這些並不怎麼引人入勝的實踐成果相比，他的「十二氣曆」發明倒是更具創造性、更有價值。

古代中國的曆法是一種陰陽曆，即以太陽的運行定年，以月亮的運行定月，但這兩者在日期上極難吻合，於是就要以置閏來調整，操作上十分複雜麻煩。

針對這種狀況，沈括破天荒地提出廢棄陰曆，即按節氣來定月，每年以立春為一年的開始，每個月擁有兩個節氣，大月三十一日，小月三十日。這樣，不僅免除了陰曆帶來的麻煩，而且可以做到「歲歲齊盡，永無閏月」。

沈括的這個設想，實際上就是現代所通行的曆法（只是歲首日與現代不同），在當時完全是一個了不起的思想，只是當時的人們還無法接受，這也恰恰證明了他的超前意識與思想的領先性。後來英國在二十世紀三〇年代為指導農業生產所用的蕭伯納曆，實際上與「十二氣曆」是一個道理，但卻晚了近九百年。

在地理學上，沈括在他輾轉於各地的旅途中，時時迸發出思想的火花。他在按察河北西北路時，看到太行山的山崖間「往往銜螺蚌殼及石子如鳥卵者，橫亙石壁如帶」，沈括就作出了精闢的分析。沈括在這裡首先是指出了海相沉積的結構特徵——「橫亙石壁如帶」，這是史料記載的第一次。沈括又分析了滄海變桑田的另一個原因：水流搬運物質堆積而成。這是人類第一次提出「流水堆積作用」思想，並且第一次用這一思想解釋華北平原這種具體地貌的成因。

沈括的這一思想，與中國原來已有的海水下降學說一起，組成了中國關於「海陸變遷」地質變化的早期理論，遙遙領先於整個世界。

沈括在浙東雁蕩山遊歷考察時，對雁蕩山的成因第一次作出了科學的分析。

雁蕩山坐落在群山環抱的谷地中，在山外什麼也看不到，而進入谷地，就滿眼峭拔險怪的山峰。沈括仔細考察以後，指出這種奇特的地貌

是「谷中大水衝激，沙土盡去」而造成的。這是人類第一次提出「流水侵蝕」的理論並運用解釋的實例：流水將較松的沙土運走，從而留下如刀切般的峻峰與山谷，在某些下切不均勻的地段又形成瀑布，滲入地下的水流又侵蝕出地下洞穴，這就是雁蕩山複雜奇特地貌的成因。

同時，沈括還指出：世上凡是類似的地貌，都出於同一種成因。如成皋、陝西的黃土高原地區，那些直立高達百尺的溝壁，與雁蕩山地貌的成因一致。

在歐洲，這一理論出現於十八世紀末英國學者赫頓《地球的理論》一書中，比沈括要晚七百年左右。

化石是人類研究古生物、古地質學的重要物證，古代中國很早就有關於化石的記載，但最早正式定出的，是沈括，是《夢溪筆談》。

沈括在出使契丹後，製作了比以往更科學的地形模型，使古代中國地形模型的製作技術提升到了新的水準。

在數學上，沈括有兩項建樹格外值得重視。一是「隙積術」，即首創了矩塔形堆疊物的計算公式$V=\frac{n}{b}〔a(2b+B)+A(2B+b)+(B-b)〕$，這也就是現代高階等差級數求和的計算公式。這個「隙積術」後來發展為「垛積術」，「而創始的功績，應該歸之於沈氏」（顧觀光《九數存古》卷五）。

二是「會圓術」，是已知圓的直徑與弓形的高而求弓形底（即弦長）和弓形弧（弧長）的公式。元代的郭守鈞，在此基礎上發展建立起了球面三角學。

在物理學上，沈括的思想火花更是四處迸發，處處閃光。

在磁學方面，他提出了人工磁化技術與四種指南針安置方式。不僅指出了地磁偏角現象，而且還指出了磁石的兩極

🔴 元代的銅壺滴漏

這是元代的銅壺滴漏，是古代的一種計時儀器，它由日壺、月壺、星壺和受水壺四壺組成，每壺都有蓋，放在階梯式的座架上。水從日壺中依次下滴，進入受水壺，壺中水位上升，木箭（標尺）隨之上升。觀其刻度，即知時間。

性。更重要的是，他還提出了「何以磁石有極性」的問題，雖然當時無法解答，但沈括的鑽研精神與對問題切入的敏感，確實勝於常人。

在光學方面，沈括進行針孔成像實驗遠遠超過了《墨經》與《淮南子》的記載。在這個實驗中，沈括改用了紙鳶進行移動的實驗，使得成像的方向性更加清晰，而且，還首次獲得了焦距一至兩寸的資料，首次對焦點作出了「光聚為一點」的描述，首次將針孔成像與凹面鏡成像用「礙」（小孔、焦點）這一概念聯繫了起來，使得中國對凹面鏡的研究水準達到了領先於西方四百餘年的先進高度。

沈括還第一個嘗試對「透光鏡」的

● 沈括的共振實驗圖

這是沈括正在做聲學上的共振實驗。他把兩張琴上的弦都調好，使之一一對應，然後在一張琴的弦上放置一些剪好的小紙人。當他彈敲一張琴上的弦時，另一張琴相應的弦上的小紙人就會隨之而跳動，而不相應的弦上的小紙人則不跳動。這一簡單的實驗提供了確鑿的事實，驗證了「同聲相應」的共振原理。

「透光」效應進行科學的分析，他認為：這是由於銅鏡鑄成後在冷卻的過程中厚薄不均而造成了收縮的不均，背面的紋飾會在鏡面上出現不明顯的痕跡，於是才會出現如同透光一樣的效果。沈括的這一解說，已經為現代光學理論所證明，只不過現代光學理論更為全面、更為精確。

在聲學方面，沈括用紙人進行的基音共振（沈括名之為「應聲」）實驗，歐洲一直要到十七世紀的諾布林與皮戈特才有同類的實驗。

在化學上，沈括首次作出了「石油」這一科學的命名，並從此取代了以往「石液」、「石漆」、「泥油」這些舊稱。

沈括還創造了用石油製造炭黑的技術，再用這炭黑製成墨，品質遠勝於松墨。製墨固然是一件小事，但用石油開發新產品的思路與途徑，則為現代石油的開發利用開闢了先河。昔日沈括預言的「此物後必大行於世」，在今天早已得到了實現，而且必將有更大的發展。

在生物學方面，《夢溪筆談》用了大量的篇幅來記載動植物的形態、性質、功用與地理分布，這些篇幅在《夢溪筆談》有關自然科學的條文中占了三分之一強，可見沈括在這方面用力之多。

在醫學上，《蘇沈良方》無疑是沈括最主要的「用武之地」。

《蘇沈良方》並不真是蘇軾與沈括合作的醫書，而是先有沈括所著的《良方》十卷，後人把蘇軾的醫藥雜說也附入其中，才有了現今所見到的《蘇沈良方》。

在書中，「秋石方」是世界上第一個用人尿製成激素藥物的配方，而且還有陰、陽兩種不同的製法，這比歐洲要早九百年左右。

傳統形成的中草藥採集習俗，是在每年的二月與八月。沈括對此很不以為然，他認為世界上的植物生長規律千姿百態，不能拘泥於只在二月或八月採集。從此，這一舊俗被逐漸地打破。

舊時還有「人有三喉」的說法，沈括對此進行了辯駁，明確指出人只有咽與喉，「三喉」之說從此逐漸絕跡。

《蘇沈良方》所錄的醫方，都附錄了臨床的驗證，這是此前所少有的。這樣的處理，使得醫方的可信性大為提高。

透過以上簡略的介紹，我們看到了一位觀察仔細、善於思索、而且敢於推陳出新、敢於堅持真理的學者形象。

在古代中國科技史上，創造發明，強調實行，這是一個傳統的特點。這個特點有其長處，也有其不足。所謂不足，就是理性的思索少了一些，理論上的提升少了一些。而沈括作出的最大貢獻，正是在於彌補了這種不足。因此，儘管他沒有什麼驚天動地的發明創造、重大突破，但他在諸多理論上的深入探討，同樣是立下了豐功偉績。他的這個貢獻，有助於將技術上升為科學。只有真正認識了這一點，才能理解沈括為什麼是「中國整部科學史中最卓越的人物」。

三、天文儀器與天文曆法

雙登巔峰的時代

宋元，是古代中國天文學的巔峰時代！一系列精妙絕倫的天文儀器與一部空前卓越的曆法，形成了「雙峰入雲」的壯觀景象！

天文儀器的巔峰

歷史的發展，有時真是讓人難以相信。宋元時期的天文儀器，竟然如潮湧一般，其規模之大、來勢之猛、品質之高，都是前所未有的。

以規模而言，不僅傳統的天文儀器（如圭表、漏壺、渾天儀、渾象等）都有突飛猛進之勢，而且還創製出了許多新的儀器（如仰儀、簡儀等），面廣量大。

以來勢而言，如同賽場一般，競相湧現，僅北宋時期，西元九九五年至一〇九三年這百年不到的時間裡，就造出了四架巨型渾天儀（合稱「四大渾天儀」），令人目不暇接。

以品質而言，無論是傳統的還是新創的，無論是簡單的還是複雜的，都造出了極其先進（甚至是世界領先）的製品。

在如此眾多而又美不勝收的儀器中，最為著名的，要數北宋時期蘇頌、韓公廉所造的水運儀象臺與元代科學巨匠郭守敬所製造的一批儀器。

蘇頌像
宋代天文學家蘇頌與韓公廉等合作，創造了著名的水運儀象臺。

水運儀象臺

水運儀象臺，是蘇頌與韓公廉在北宋元祐三年（西元一〇八八年）所造的。顧名思義，水運儀象臺的「儀」就是渾天儀，「象」就是渾象，

蘇頌水運儀象臺原圖
蘇頌《新儀象法要》一書中所附的水運儀象臺原圖。

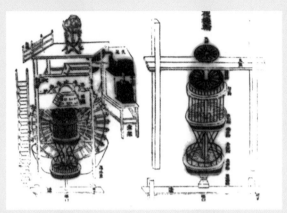

「水運儀象臺」就是將渾天儀與渾象組合為一個樓臺，以水流為動力推動渾象（包括極時裝置）運轉。

整座儀器，底為寬約七公尺的正方形，往上略有收縮，上有頂蓋，總高約十二公尺，遠遠望去，宛如一座三、四層樓高的樓房。

它的最上層是一個有屋頂的平臺，放置渾天儀一座，屋頂能夠隨意開閉，以利於用渾天儀觀測天體天象。這一層結構的構思相當精妙，完全是現代天文臺活動屋頂的先聲。

中層是密閉的暗室，放置渾象，渾象半露半藏，由機輪帶動，與實際天象同步旋轉。

下層最為複雜，分為五個小層，每層朝南都有門。第一層有名為「正衙鐘鼓樓」，有紅衣木人報每個時辰的時初，紫衣木人報時正，綠衣木人報時刻。

第二小層設二十四個司辰木人，報時初與時正。

第三小層有二十四個木人報時初與時正，又有七十二個木人報刻。

第四小層設木人專報夜間的更數。

第五小層設三十八個木人，報昏、曉、日出、日落與更籌。

渾象與報時裝置的運轉全靠水力推動，再以一套傳動裝置將這種動力傳到每個要動的部件。這裡才是最為關鍵的要處。特別是那一套控制恆定速度的「卡子」，完全是現代鐘錶擒縱器的先聲。

整個儀象臺如果分割開來的話，實際上就是渾天儀與水運渾象的

組合,而渾天儀與水運渾象都是早已有之的。蘇頌的渾天儀與前代的渾天儀相比,只是多加了二分圈與二至圈這兩道並不怎麼重要的環圈,其他並無什麼不同之處。他的水運渾象,是沿張衡與一行等思路而來的,報時裝置多了些花樣,其他沒什麼兩樣。一切正如蘇頌自己所說的,水運儀象臺是「兼採諸家之說,備存儀象之器」。

但是,蘇頌、韓公廉依然居功至偉:

首先,能巧妙地將渾天儀與水運渾象組合成一個整體,就是一個很了不起的創舉。渾天儀與水運渾象本來都只是單一獨用的儀器,現在將它們結合起來,猶如一座天文臺。事實上,也就是現代天文臺的先聲。這一創舉的意義,並不亞於那些具體的創造發明。更何況在具體的局部上,也有一定的創新,不僅僅是全盤照搬。

其次,尤為重要的是:為後世留下了《新儀象法要》這部寶貴的文獻。從漢代開始,製造渾天儀的記載連綿不絕;張衡、一行等都造過水運渾象(包括報時裝置)。但無論是渾天儀還是水運渾象,歷來都不見有具體的製造工藝記載。渾天儀還好一些,因為各朝代都有保存,製造技術相對容易些。而水運渾象就完全是罕見之物,張衡、一行僧等所造的渾象早已佚失了。可能在專業圈子裡有某種傳承的途徑,所以一行、蘇頌能夠複製。但也有可能,這幾個人所造的水運渾象具體結構是各不相同的。雖然前一種

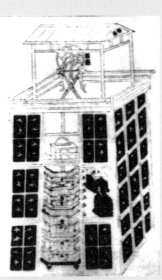

●水運儀象臺

水運儀象臺是北宋天文學家蘇頌和韓公廉等人合作創造的大型天文儀器。它把觀測星空的渾天儀、作人造星空表演的渾象和計時報時裝置結合在一起,其中的擒縱器是鐘錶的關鍵部件,被認為「很可能是後來歐洲中世紀天文鐘的直接祖先」(李約瑟語),它利用一套齒輪系統,在漏壺流水的推動下使儀器保持一個恆定的速度,以與天體運動相一致,所以叫水運儀象臺。

郭守敬像

可能性略大一些（從蘇頌自己所說的話來看，也證明這種可能性較大），但畢竟大多的人都不知道這其中的「奧妙」。事實正是如此，如果沒有《新儀象法要》一書，後世的人們是根本無法知道其內部結構的。

《新儀象法要》共有三卷，分別記載了渾天儀、渾象、儀象臺（報時裝置與水運裝置）的具體結構與製造情況。特別值得指出的是，本書還附有各種圖紙六十餘幅，這是中國現存最早的機械圖紙，其價值之高無可比擬。正是依靠這些圖紙與文字記載，後人才瞭解了儀器的結構奧妙，才較為正確而順利地複製成功這件古代的寶貴儀器（五〇年代中國歷史博物館王振鐸先生最先複製成功，一九九七年蘇州古代天文計時儀器研究所與河南省博物館也聯合複製成功）。圍繞這部著作與水運儀象臺，形成了一個專門的學問。

水運儀象臺與《新儀象法要》所獲得的成就，至少領先於世界有五、六個世紀之久，成為中華民族的又一份自豪！

郭守敬的天文儀器

元代初年，為了制訂新曆，元世祖忽必烈親自徵調郭守敬與王恂具體主持測驗與推步工作。為了進行測驗，郭守敬先創製了一系列的天文儀器，有圭表、仰儀、簡儀、候極儀、渾天象、玲瓏儀、立運儀、證理儀、

登封觀景臺（模型）

這是位於河南省登封縣告成鎮的元代觀景臺（模型）。臺北正中地面平鋪一道石梁，全長31.19公尺，此即石圭，俗稱量天尺。根據日影在石圭上的長短變化，劃分春分、秋分、冬至、夏至以及四季。據實地測驗，採用針孔成像法以橫梁在石圭上的投影來確定日影長，可準確到±0.2公分，相當於太陽頂距誤差 $\frac{1}{3}$ 角分，比晚於此臺三百年的西方最精密的天文觀測還要精確。

景符、闚几、日月食儀、大明殿燈漏等近二十種儀器。其中，最引人注目的是圭表、仰儀與簡儀。

圭表本是最古代、最簡單的儀器（見第一章），郭守敬對它作了幾項革新，從而大大提高了測驗的精確度。首先，郭守敬創製出一個名為「景（影）符」的構件，是一塊中間打出小孔的銅片。將它裝在圭表的頂端，利用小孔成像的原理，能清晰地看到投影點，克服了過去表端影像邊緣不清晰而影響測定精確度的缺點。其次，郭守敬將圭表的高度從原來的八尺一下子提高到四十尺，是原來的整整五倍。同時，又將測量的精確度從原來的「分」提高到「釐」。在這樣一系列的改進後，這一最先進的圭表測得了當時最精確的回歸年長度值等重要數值。明代的邢雲路沿用郭守敬的方法，把表高提至六十尺，測得了比現代理論值只差兩秒左右的回歸年長度超級精確值，遙遙領先於世界當時的水準。

仰儀，是郭守敬所發明，一種用於觀測太陽赤道座標的儀器。很可能是受到傳統用油鍋觀測太陽與日蝕的啟迪而創製的，所以主體也如同仰放的一口鍋，只是鍋內不放油，而是刻有縱橫交錯的赤道與地平座標網格。鍋口上安有十字交錯的竿架，上設一小板，板上開有一個小孔。日光透過小孔，在鍋內投下亮點，就能在網格上讀出太陽的具體方位與位置。利用這個儀器，還能透過小孔成像觀測到日蝕的過程，不僅可以避免用肉眼直接觀測太陽的不便，而且精確度更高，這就是仰儀的妙處。

唐宋時期的渾天儀複雜到了頂點，這不是製造者們故意畫蛇添足，而是觀測精確度提高與範圍擴大的必然結果。因此，雖然複雜的渾天儀使用起來大為不便，但也不是簡單地除去一些環圈就能解決的，因為這些環圈不是隨意能除去的。

簡儀（模型）

這是元代天文學家郭守敬設計和製作的簡儀。簡儀突破了渾天儀環圈交錯不便觀測的缺點，將環組分別架立，裝置簡便，而效用更廣，是當時世界最先進的天文儀器。

怎樣才能既不影響精確度與範圍而又觀測方便呢？

解決這一難題的，就是郭守敬創製的簡儀。簡儀是郭守敬製造的儀器中最優秀、最傑出的一件，它是中國古代天文學的核心儀器——渾天儀的脫胎換骨，但卻是青出於藍而勝於藍。

簡儀所採取的是「釜底抽薪」的辦法，乾脆將渾天儀解體而分為兩個裝置，即赤道裝置與地平裝置。

赤道裝置是整個儀器的主體部分，它有北高南低兩個支架托起一根正南北方向的極軸，極軸中間裝有可旋轉的四游環，環上刻有周天度數，中間安有窺管，窺管兩端有十字線。軸的北端裝有定極環，南端裝有赤道環與百刻環。經過這樣的處理後，觀測時就無阻無礙，十分便捷。

地平裝置安裝在赤道裝置的北面，由一對圓環構成：一個是陰緯環（即地平圈），上刻有方位，水準放置；一個是立運雙環（即地徑圈），垂直立於陰緯環的中心，還可以立著旋轉，所以稱為立運環。環的中間安有窺管，透過窺管對準某天體時，就能在環上讀出地平經度與緯度。

郭守敬創製的簡儀達到了空前的先進水準，遙遙領先於世界各國。西方要到一五九八年丹麥天文學家第谷所創製的儀器才達到這樣的水準。近現代出現的天文望遠鏡上的赤道式裝置，尤其是英國式的，簡直與簡儀如出一胎。因此，可以毫不客氣地說：郭守敬創製的簡儀就是現代天文儀器赤道裝置的鼻祖！

【知識百科】

簡儀

在郭守敬創製簡儀時，相傳還有一段中外文化交流的佳話。早在西元一一七〇年左右，曾有一位西班牙穆斯林天文學家賈博·伊本·阿弗拉，曾將一個渾天儀拆散，想製成一個能將球面座標裝置變成黃赤道轉換器的計算器（或稱土耳其儀器）。到西元一二六七年，馬拉加天文學家札馬魯丁率一個使團從波斯伊兒汗國來到中國，據說有可能帶來了黃赤道轉換器的資訊。十年以後，郭守敬在製作簡儀時，很有可能參考了這一資訊。

　　可惜的是，郭守敬所製的簡儀原件，在康熙五十四年（西元一七一五年）被傳教士紀理安熔毀了。現在南京紫金山天文臺所保存的簡儀，是明正統間（西元一四三七～一四四二年）的複製品，曾被八國聯軍掠走，直到第一次世界大戰後才歸還中國，以後又遭到侵華日軍的破壞，是近代苦難中國又一件血淚見證。

▌天文曆法的巔峰

　　在宋元時代所有頒行與未頒行的曆法中，最值得注目的曆法有兩部：一部是最富有創造性的，即上一節中已經介紹過的沈括編製的「十二氣曆」；另一部是傳統曆法中成就最高的，郭守敬編製的《授時曆》。

　　郭守敬的《授時曆》是從至元十三年起到十七年（西元一二七六～一二八〇年）編製完成的，至元十八年（西元一二八一年）起正式實行，一直用到明代（明大統曆實際只是《授時曆》的換名），共使用了三百六十四年，成為中國古代使用時間最長的一部曆法。

　　《授時曆》能使用如此長的時間，完全是由它優異、先進的成就所決定的。古代中國的曆法，除去國外傳入與根據西法修訂的以外，約有八、九十部，而《授時曆》是最優秀、最傑出的一部，達到了天文曆法最高峰。

　　中國著名科技史專家錢寶琮曾對《授時曆》的成就作了兩大概括：一是「考正者七事」，即冬至、歲餘、日躔、月離、入交、二十八宿距度、日出入晝夜刻；二是「創法者五事」，即用五招差求每日太陽盈縮初末極差、用垛壘招求月行轉分進退及遲疾度數、用勾股弧矢之法求黃赤道差、用圓容方直矢接勾股之法求黃道去極度、用立渾比量求白赤道正交與黃赤道正交之距限。

　　如果我們將這兩大概括略加整理，可以看到《授時曆》在曆法原理、計算方法、具體數值等方面有著突出的成就，有的還是世界領先的成就。

第一，授時曆的優秀與傑出，首先就表現在一系列資料上。這些資料有的是自己新測定的，有的是取用歷史上最精確的。如，回歸年長度值與南宋楊忠輔的統天曆一樣，為365.2425日，這是當時領先於世界的一個數值。西方使用這一數值，是十六世紀出現並一直使用到現在的格里曆（即西曆），比授時曆與統天曆要晚三、四百年。

授時曆的朔望月、近點月、交點月數值（分別為29.530593日、27.5546日、27.212224日）與金朝重修的大明曆一致，與現代的精確值也極為接近。

授時曆的黃赤交角值為23° 90' 30"（《元史·郭守敬傳》記載為23° 90'），折合今值分別為23° 33' 34"與23° 33' 23"，與現代值只差1'多。法國天文學家拉普拉斯在論述黃赤交角值是越變越小時，曾引用授時曆的這個數值為據。

除此以外，二十八宿宿度、矩度、去極度也比以前各曆都要精確得多。

第二，授時曆吸取了唐代曹士蒍符天曆開創的廢棄「上元」的正確做法，採取了「截元」。「上元」是古代中國曆法中一個虛偽的起點、一個「盲腸」，但為割棄這個「盲腸」，有許多的天文學家為之作了長期的努力，一直到授時曆才真正實現這個目標。

第三，授時曆在解釋二十八宿度值的變化時，說到原因主要是前人測量未密與星宿本身「微有動移」。這「微有動移」的解說是一個極了不起的突破，在西方，到近現代才有恆星位移的理論，而這比授時曆晚多了。

第四，授時曆全面地擯棄了中國古代曆法傳統的奇零部分都用分數記數法的做法，改用了小數記數法。這一做法創始於唐代南宮說的神龍曆，它把所有的分數都用一百為分母來表示。曹士蒍的符天曆也以一日為一萬分，具有小數的意味。

授時曆的記數更為創新，把一天分為一百刻，一刻分為一百分，一分分為一百秒。圓弧的弧度，一度也分為一百分，一分分為一百秒。在秒

以下，再分為微、纖，都以一百進位。這些都可以很方便地轉化為現代的小數。

授時曆的這一記數方式，雖然與現代的記數體系不一致，但小數化傾向卻是相當明顯的。

第五，授時曆用招差法推算日月五星的運行，比歐洲要早近四百年。隋代的劉焯創造了用等間距二次差內插法的計算公式，唐代的一行又發展出了不等間距的二次差內插法公式，郭守敬又發展到了平立定三次差內插法公式。

招差法的意義絕不止於天文曆法，在數學上的意義更大，因為它可以推及到任何高次差數。而首創這個方法的，是中國的學者。

第六，授時曆首創了球面三角公式，從太陽黃經求其赤經緯度，雖然由於當時的三角函數值相當粗疏而影響了計算結果的精確度，但為黃、赤座標的換算開闢了一條正確的道路。

對於授時曆的成就，清代著名的曆算大師梅文鼎讚美它是「集諸家之大成」，而且是「蓋自西曆以前，未有精於授時者也」，這是一個毫不過分的評價，因為授時曆的不少地方在當時的世界上的確是最先進的。

郭守敬創製的天文儀器與授時曆，將古代中國的天文學推到了最高峰，並爭得了世界性榮譽，中華民族將永遠銘記他的偉大功績！

四、賈憲三角與宋元四傑

與天文學交相輝映的數學成就

這一時期有五位數學大師將中國傳統的數學計算優勢推到了一個前所未有的高度，使數學與天文學交相輝映，同登巔峰！

▋賈憲三角

在楊輝的《詳解九章演算法》中有「開方作法本源圖」，有人把它稱為「楊輝三角」。但楊輝在書中很確鑿地載明：此圖「出《釋鎖算書》，賈憲用此術」，所以後來都改稱「賈憲三角」了。

這幅「開方作法本源圖」是什麼意思呢？

實際上它就是指數為正整數的二項式展開係數表。我們將這個表與現代數學的二項展開式相對應起來，就會十分清楚地看到這一點。

● 賈憲的「開方作法本源圖」

這是北宋數學家賈憲提出的「開方作法本源圖」，是一個指數為正整數的二項式定理的係數表。利用它可以開任意高次方。這個表比歐洲的「帕斯卡三角」早六百年。

①$(a+b)^0=1$

①①$(a+b)^1=a+b$

①②①$(a+b)^2=a^2+2ab+b^2$

①③③①$(a+b)^3=a^3+3a^2b+3ab^2+b^3$

①④⑥④①$(a+b)^4=a^4+4a^3b+6a^2b^2+4ab^3+b^4$

……

（請注意展開式的係數與表上數字完全吻合。）

西方將這種二項式展開係數的規律表稱為「帕斯卡三角形」。帕斯卡是法國數學家，在他一六五四年出版的著作中提出了類似的三角形表。但在他之前，德國人阿皮納斯在一五二七年就提出了這種表，比阿皮納斯更早的還有阿拉伯數學家阿爾・凱西，他在一四二七年的《算術之鑰》中已經提出了這樣的表。而這些人都比賈憲要晚，甚至比楊輝、朱世傑還要晚，「賈憲三角」理應取代「帕斯卡三角形」的地位！

賈憲不僅給出了這個圖，還給出了這個圖的簡捷製作規律。從第三行（即二次冪）開始，兩端最邊上的數字都是一，而中間的任何一個數字都是這個數在上一行相鄰兩數的和。以第六行為例，所有中間的數字都可以如此求得。用此法可以求出任意次冪的係數，直至無窮大。

在賈憲之前，只能開平方與開立方，自從賈憲發明此表與「增成開方法」後，就首次開闢了求解多次方程式的真正通途。在賈憲之後，中國數學家又進一步探索了係數中有負整數的方程式解法，最終由南宋秦九韶發明的「正負開方法」徹底解決了這個問題，比英國數學家霍納一八一九年求得這一解法（西方稱為「霍納法」）要早五百多年。

■ 宋元四傑

宋元四傑，就是宋元時期最傑出的四位數學家──秦九韶、李冶、楊輝、朱世傑。

秦九韶

秦九韶（西元一二○二?～一二六一年），字道古，魯郡（今山東曲阜）人，是一位多才多藝的才子。他的數學成就，體現在他的《數學九章》中。其中最突出的有兩項：一項上文介紹過的是「正負開方術」，另一項是下面介紹的「大衍求一術」。

《孫子算經》（唐代所定「算學十經」之一）中有這樣一道題：有一個數，被三除餘二，被五除餘三，被七除餘二，求這個數。

在數學上，這屬於同餘式題目，在沒有找出科學的解法前，要順利而簡捷地解出這樣的題目，是很不容易的。

《孫子算經》自己提出的解式是：

$$70 \times 2 + 21 \times 3 + 15 \times 2 - 105 \times 2 = 23$$

但為什麼能這麼解，70、21、15、105這些數字是怎麼出來的，再複雜一些的同餘式又怎樣解，則沒有交代。

　　秦九韶的「大衍求一術」，就是解這一類同餘式題目的一個方法，它的目標就是如何求出70、21、15、105這些關鍵數字。

　　這四個數字中，105是3、5、7的最小公倍數，比較容易求得。其他三個數字又是怎樣求得的呢？以「大衍求一術」分析，70是5、7的倍數而被3除則餘1，21是3和7的倍數而被5除則餘1，15是3、5的倍數而被7除則餘1。亦即用這一規律能很快求得這些關鍵數字，題目也就很快解出了。

　　「大衍求一術」為求解同餘式題目找到了一條科學的途徑，從而誕生出了「中國剩餘定理」。在西方，這一定理是德國著名數學家高斯於一八〇一年出版的《算術探究》中提出的，比秦九韶晚了五百多年。所以，英國傳教士偉烈亞力一八五二年將它命名為「中國剩餘定理」，是還了歷史的真實。

李冶

　　李冶（西元一一九二～一二七九年），字仁卿，號敬齋，真定欒城（今河北欒城）人。李冶原好文學，與著名文學家元好問是密友，人稱

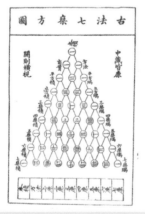

❶朱世傑對「賈憲三角」的進一步推廣

元初數學家朱世傑把「賈憲三角」由七層推廣到九層（八次冪），為高階等差級數求和問題和高次招差術的發展，提供了有力的數學工具。

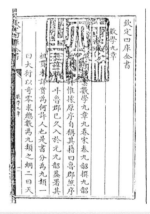

❶秦九韶的《數書九章》

《數書九章》又稱《數學九章》，是南宋時期數學家秦九韶的數學傑作。其中高次方程數值解法和一次同餘式組解法，代表了當時中國和世界數學發展的最高水準。圖為保存至今的《四庫全書》本《數書九章》。

「小元李」。蒙古攻破鈞州後，李冶微服出逃，從此始攻數學，長期隱居，屢次推卻元朝的徵召。

李冶一生著述甚豐，數學著作有《測圓海鏡》（一二四八年成）與《益古演段》（一二五九年成）。李冶自己最看重的著作，就是《測圓海鏡》。

李冶在數學上的最大貢獻，就是總結、發展並完善了「天元術」。

什麼是天元術呢？

天元術就是現代的列方程式，即根據題意列出一個包含未知數的數學題式。天元相當於現代的X。古代還沒有引進X這個字母，就用「元」字表示（但只寫在數字邊上），或者用一個「太」字表示常數項（也只寫在數字邊上）。

$$x^3+336x^2+4184x+2488320=0$$

列方程式，在現代是很普通、很淺顯的數學問題，但在古代並不容易。李冶發明的用「元」表示含未知數項的方法，具有了半符號代數學的性質。在西方，半符號代數是十六世紀後才出現的，比李冶要晚三百多年。

楊輝

楊輝（出生年月不詳），字謙光，錢塘（今杭州）人。楊輝的數學著作甚多，有《詳解九章演算法》（十二卷，一二六一年成）、《日用演算法》（二卷，一二六二年成）、《乘除通變本末》（三卷，一二七四年成）、《田畝比類乘除捷法》（二卷，一二七五年成）、《續古摘奇演算法》（二卷，一二七五年成）。

❶ 李冶畫像
李冶（西元1192－1279年），字仁卿，號敬齋，真定欒城（今河北欒城）人，中國金元之際的數學家。其數學代表作為《測圓海鏡》和《益古演段》。書中總結的「天元術」（即現代數學中列方程式的方法），是世界最早的半符號代數學，代表了當時中國和世界數學的最高水準。

❶《測圓海鏡》中的天元式表示圖
這是李冶《測圓海鏡》中的天元式表示圖。其中旁邊記有「元」字的一行籌式為一次項，上一行為二次項，再上一行為三次項，每上一行增加一次冪。「元」字的下一行籌式則為常數項。

楊輝的「百子圖」

這是楊輝在書中提出的「百子圖」（十階幻方）。它用1到100這一百個數字排成縱橫各10行的方圖，使其每一橫列和每一直列的十個數之和都等於505。

1	20	21	40	41	60	61	80	81	100
99	82	79	62	59	42	39	22	19	2
3	18	23	38	43	58	63	78	83	98
97	84	77	64	57	44	37	24	17	4
5	16	25	36	45	56	65	76	85	96
95	86	75	66	55	46	35	26	15	6
14	7	34	27	54	47	74	67	94	87
88	93	68	73	48	53	28	33	8	13
12	9	32	29	52	49	72	69	92	89
91	90	71	70	51	50	31	30	11	10

楊輝在數學上的造詣極深，涉獵極廣，許多優秀的前人成果，都由於楊輝的記載而得以保存下來（如上文所講的賈憲三角與增乘開方法）。他在北宋沈括「隙積術」的基礎上，又發展出「垛積術」，在高階等差級數的計算上達到了新的高度。而他最為世人注目的，則是對「縱橫圖」的收集與研究。

「縱橫圖」，又稱幻方、方陣等。其特點就是每行、每列及對角線上各數之和都相等，用現代數學的公式來表示，就是$Nn=\dfrac{n}{2}(n^2+1)$（n表示每行上的數字個數）。有n個數，也就稱為n階的縱橫圖。

楊輝在《續古摘奇演算法》中，收集了從三階到十階的方形縱橫圖共有十三幅，另外還有「洛書數」、「四四陰圖」、「聚數圖」、「連環圖」等等，使縱橫圖的形態更加豐富多彩。明代的一些數學家更發展出「瓜瓞圖」、「立方圖」、「渾三角圖」、「六道渾天圖」等等，將這類圖推到了新的高峰。

朱世傑

朱世傑（出生年月不詳），字漢卿，號松庭，燕山一帶人。他可以說在宋元四傑中是成就最高、聲望最高的一位。他在一二九九年撰成《算學啟蒙》，這是一部普及性的數學教科書。一三〇三年撰成《四元玉鑑》，則是當時最高水準的數學專著（連國外的學者也認為，朱世傑的數學著作《四元玉鑑》是「中世紀最傑出的數學著作之一」）。在這部著作中，朱世傑向世人貢獻了他最主要的數學成就——「四元術」。

在李冶發明「天元術」一元多次方程式的列法以後，李德

楊輝的「攢九圖」

這是楊輝在書中提出「攢九圖」，是在縱橫圖的方圖基礎上進一步衍化。圖中除了中間那個數九以外，其每一個圖角上的八個數字之和以及每一條直線上的八個數字之和都等於一三八。

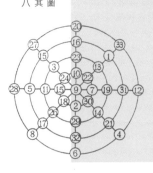

▶「四元術」表示圖

朱世傑《四元玉鑑》書中關於「四元術」的表示圖。

物^{2}地^2	物^{2}地	物^2	人物^2	人^{2}物^2
物地^2	物地	物(u)	人物	人^{2}物
地	地(y)	太	人(z)	人^2
地^{2}天	地天	天(x)	天人	天人^2
地^{2}天^2	地天^2	天^2	天^{2}人	天^{2}人^2

載發展至二元多次方程組，劉大鑑推衍到三元多次方程組，朱世傑則發展到了「四元術」——四元多次方程組的列法與消去法。

在「四元術」中，用「天」、「地」、「人」、「物」這四個字分別表示四個未知數，以「太」字表示常數項。但實際使用中，則是將「天」、「地」、「人」、「物」這四項按下、左、右、上的位置排出，將常數項排在中間，用「太」字表示。這樣，實際上只要注明常數項就可以了。冪次由它們與「太」字的距離來決定，離開愈遠的，冪次愈高。相鄰兩元冪次之積則記入各行列的交叉處。

一個方程式列一個籌式，有幾元，就列幾個籌式。這是古代時期的多元多次方程式分離係數表示法。在實際的演算中，十分便捷。

「四元術」的消去法，與現代數學基本相同，逐級消去，最終變為一個一元多次方程式來求解。

朱世傑創造的「四元術」，西方要到十八世紀才達到這樣的水準，比朱世傑落後近五百年。

【知識百科】

縱橫圖

中國漢代的《大戴禮記·明堂篇》中，就有著名的九宮數，將它排列起來，也就是一個三階縱橫圖（如右圖），這是世界上最早見於記載的縱橫圖。縱橫圖幾乎沒有什麼實用的意義，只有些趣味性，在古代還具有某種宗教的意味，但它對於數學家們的頭腦鍛練頗有益處。因此，直至當今還有不少的科學家在進行縱橫圖的研究。

4	9	2
3	5	7
8	1	6

五、兩部《農書》率群譜

農學著作,繁花似錦

宋元時期的眾多農學著作中,有兩部都題名為《農書》的著作特別出色,而大量動、植物志與譜錄的問世,形成了一個宛如繁花似錦的高潮時期。

█ 陳旉的《農書》

陳旉,史書無傳,只知道他自號「西山隱居全真子」,又稱「如是庵全真子」,看來這是一位道教的信徒。因為要躲避金兵,只能在長江南北奔波,在住地「種藥治圃」。因此,有機緣接觸農夫與農業,為他撰著《農書》創造了條件。

《農書》成於南宋紹興十九年(西元一一四九年),這時陳旉已經是七十四歲的老人了。這是中國現存最早記載江南地區農業生產技術的農書。這部《農書》共有一萬兩千餘字,分為上、中、下三卷。

上卷共有十四篇,占了全書的三分之二,主要講述水稻的種植技術。光是整地,書中對高田、下田、坡地、葑田、湖田與早田、晚田等不同類型田地的整治都有具體的記載。其中,對高田的記載尤為詳細。他講到在坡塘的堤上可以種桑,塘裡可以養魚,水可以灌田,使得農、漁、副可以同時發展,很有現代生態農業的風采。

書中十分強調傳統的「因地之宜」,但又顯現出較強的進取性與積極性。特別是對一些衰田,書中更注重的是改造。

在水稻育秧技術上,書中確立了適

時、選田、施肥、管理四大要點。

書中對中耕非常重視，特別指出：即使沒有草也要耘田。書中還對「烤田」技術作了發展，比《齊民要術》更為詳明、進步。中卷是講述水牛的飼養管理、疾病防治；下卷是講述植桑種麻，其中特別推薦桑麻的套種。這兩卷的篇幅較小，內容不如上卷豐富。

陳雱的《農書》，對於中國古代農業技術體系的完善有著重要的作用，對於實際的生產更有著重要的指導意義。特別是他積極進取的精神與充分開發的思想，為世人所稱道。

王禎的《農書》

與陳雱的《農書》相比，王禎的《農書》成就更大、名聲更響，是繼《齊民要術》之後又一部傑出的農業百科全書。

王禎，字伯善，山東東平人，曾在元成宗時做過宣州旌德（今安徽旌德）與信州永豐（今江西廣豐）的縣尹。在任上十分關注、重視農業生產，身體力行，推廣農桑，獎勵耕植，改進和創製農機農具，同時注意收集資料，聽取經驗，最終寫出了著名的《農書》。

《農書》共三十七卷（今存三十六卷，另有二十二卷本），約十三萬字，插圖三〇六幅。全書分為《農桑通訣》、《百穀譜》、《農器圖譜》三大部分，體系相當完整。書中所寫的農業區域，兼及黃河與長江兩大流域、水旱兩種種植地區，範圍極廣。

① 王禎像
這是中國元代著名農學家王禎。他與西漢氾勝之、北魏賈思勰，明末徐光啟並稱為中國古代四大農學家。所著《王禎農書》，是中國農業科技的重要遺產。

② 《王禎農書》書影
這是元代農學家王禎撰著的《王禎農書》，是中國史上繼《齊民要術》之後，又一部系統完整、內容豐富的農業科學技術巨著。全書共三十七卷，約十三萬字，插圖三百多幅，包括《農桑通訣》、《百穀譜》、《農器圖譜》三大部分，圖文並茂，體例完整，涉及十七個省，力圖從全國範圍對整個農業生產作系統全面的論述，為任何古農書所不及。其中最有特色和最有價值的是《農器圖譜》部分，約占全書的五分之四篇幅，是全書的重點。

　　《農桑通訣》，是全書的總論部分，對農業的重要性、農業生產起源與發展的歷史、農業生產的經驗與技術（包括林、牧、副、漁），都作了全面而有系統的總結。

　　「不違農時」是農業生產的第一要訣，〈授時篇〉專論掌握農時的重要性與具體要領。他還繪製了一張「授時指掌活法之圖」（簡稱「授時圖」），將時間、節氣、物候與對應的農事繪寫在一幅圖上，使用起來十分便利。王禎強調指出，由於各地氣候條件千差萬別，務必根據實際情況安排農事，切不可死記硬背。

　　「因地制宜」是農業生產的又一要訣，〈地利篇〉專論各種土地與作物間的對應關係。他繪製了一幅「天下農種總要圖」，以指導各地安排種植。同時，他也批判了「風土限制論」，指出作物的習性經過培育是可以改變的。

　　再接下來，便是〈墾耕〉、〈耙勞〉、〈播種〉、〈鋤治〉、〈糞壤〉、〈收穫〉諸篇，完整而系列地逐一介紹各項農業生產技術。如此完整地對各項技術設立專篇，是前所未有的，比《齊民要術》有了明顯的進步，顯示出當時的農業生產技術正在不斷地發展、成熟。

　　《百穀譜》部分，是對所有的農作物進行具體的介紹，文中對八十多種糧食作物與經濟作物的起源、品種、種植技術、貯藏、使用等等都有詳細的論述。

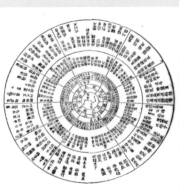
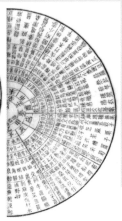

●授時指掌活法之圖
　　這是《王禎農書》中的「授時指掌活法之圖」，是王禎的一項重要創作。圖中指出各個節氣的物候和農業上應做的各種事項，對農作物的栽培和管理很有用，是世界上最早的農業生產作業進度書。

《王禎農書》中的秧馬圖

《王禎農書》中的秧馬，是古代人民為免除彎腰插秧的勞累，提高插秧效率而創造的。

書中將農作物分為穀、瓜、蔬、果、竹木、雜類這六類，雖然尚不夠精確，但大致符合客觀實際，具有了科學分類的初步形態。

書中對農作物的形態、性能有相當細緻的描述，這與宋代以來動植物譜錄大量湧現密切相關，是這個時期特有的風格。

《農器圖譜》，是全書最具特色、最有價值的部分。這一部分介紹了二五七種農具，在三〇六幅圖下，都有具體的文字說明，因此洋洋灑灑占了全書的五分之四，在篇幅上表明這是全書的重點與核心。

文字部分不僅有詳細的描述與說明，還有詩詠頌（後世有人將這些詩單獨編成一部詩集《農務集》，被選入《元詩選》中），這在農學著作中是少見的。

圖譜部分當然更為出色。王禎本身對於機械非常熟悉，曾親自設計、創製了不少農具，因此把這些圖畫得十分準確、傳神，有的還畫出了分體圖與零件圖，對於後世仿製極為便利。

圖譜部分共分為田制、耒耜、钁臿、錢鎛、銍艾、杷朳、蓑笠、蓧蕢、杵臼、倉廩、鼎釜、舟車、灌溉、利用、麰麥、蠶繅、蠶桑、織紝、纊絮、麻苧等二十門，如果我們按農具的功用來分，則大致可分為：

耕地農具有鐴（犁）刀，播種農具有耬車，中耕除草農具有耨、鋤、鏟、耙、耬鋤、薅馬、耘蕩、耘爪等，收穫農具有粟鑒、銍、艾、釤、收麥器等。

這些農具有不少是王禎在前人的基礎上加以革新改進的，如「水轉翻車」、「高轉筒車」、「水輪三事」等等；還有的是少數過去曾出現過而已經失傳的，經王禎反覆的研究而復原出來，如「水排」；當然更多的是早已有之但未被圖錄的。

秧馬蘇文忠公序云余過廬陵見宣德郎致仕曾君安止出所作禾譜文既溫雅事亦詳實惜其有所缺不譜農器也予昔遊武昌見農夫皆騎秧馬以榆棗為腹欲其滑以楸梧為背欲其輕腹如小舟昂其首尾背如覆瓦以便兩髀雀躍於泥中繫束藁其首以縛秧日行千畦較之傴僂而作者勞佚相絕矣史記禹乘四載泥行乘橇解者曰橇形如箕擿行泥上豈秧馬之類乎作秧馬歌一首附于禾譜之末云春雲濛濛雨淒淒春秧欲老翠毯齊嗟我父子行水泥朝分一壠暮千畦腰如箜

《王禎農書》中關於秧馬的介紹

《王禎農書》說人騎上秧馬，可以雀躍於泥中，日行千畦，比彎腰插秧輕鬆多了。

總之，在古代中國的農學史上，王禎的《農書》確實無愧於「四大農書」之一的美名，是一部具劃時代意義的不朽之作。

▌譜錄的高潮

宋代時期，在短期內竟然一下子湧現出了五十部左右的植物譜錄，形成了一個不大不小的高潮。

所謂「譜錄」，是指這一類書大多以「譜」、「錄」、「記」這幾個字為書名的結尾字（也是定性字），如《揚州芍藥譜》、《菊譜》、《荔枝譜》、《橘錄》、《茶錄》、《東溪試茶錄》、《品茶要錄》、《宣和北苑貢茶錄》、《洛陽牡丹記》、《天彭牡丹記》等等。

這些譜錄記載的對象，主要是這樣三類：一類是花，一類是果，還有一類是茶，而且大多以越出名、越上品的為主。於是，透過這些譜錄，使得名花、名果、名茶更加名聲大振。

譜錄的內容，是記載這些園藝植物的源生、沿革、性狀、特色、分類、品種，以及栽培技術、保藏、欣賞或食用等等。

寫這些譜錄的，都是當時的文人，甚至像歐陽修、陸游等也投身其中。他們寫這些譜錄，固然有自然科學方面的內容，但也融入了文化欣賞的雅韻在其中。與大田農作相比，園藝種植與欣賞、食用更具有一定藝術雕琢的韻味，所以在一時間文人雅士樂此不疲、競相參與。

科學與藝術的結合，文化韻味濃厚，這就是宋代譜錄高潮的特色！

這個特色源起於唐代陸羽的《茶經》，延續至當今，成為中國園藝著作的特有風格。

⊜臥輪水排圖

這是《王禎農書》中的臥輪水排圖。水排是中國古代的一種冶鐵鼓風裝置，早在東漢初年就已發明。但關於水排構造的記敘，最早出現在《王禎農書》中。

六、方志熱・地圖熱

方志史與地圖史上的先行之功

▌地理志的興起

唐代圖經形式的地理著作到宋代開始圖、經分離，圖經走向式微，而另一種形式——地方志則興盛起來。

地方志，就是地方性、局部性的地理志。

早期沒有成熟定型的地方志，大約在東漢開始出現，以後在各代都零零散散出現過。但形成熱潮，在格式與體裁上定型化，特別是郡縣志的湧現，則是在宋代。因此，可以說宋代是地方志真正的源生時期。

地方志在宋代產生後，發展極為迅猛。據《宋史・藝文志》的記載，宋代的地方志共有一百數十種之多，可見確實發展極快。

當時最著名的全國總志有兩部：一是北宋樂史所編，成書於西元九七六至九八四年間的《太平寰宇記》；一是北宋王存等編，成書於西元一〇六八至一〇八五年間的《元豐九域志》。

《太平寰宇記》是一部多達兩百卷的鴻篇巨制，在內容與形式上繼承和保持了唐代《元和郡縣志》的傳統。從某種意義上來說，是《元和郡縣志》的續篇。《太平寰宇記》與《元和郡縣志》的不同之處，或者說是發展之處，是增加了不少人物與藝文的篇章，從而開創了在方志中列入人物、藝文的新體例。它的體系較為完整，規模宏大，是一部影響很大的著作。後來元代修撰《大元一統志》（規模更大，達到一千三百卷）時，就大量地引述《太平寰宇記》的記載。

《元豐九域志》的影響雖不如《太平寰宇記》，但它有自己的特色。特別是在道里上十分細密，可以稱之為宋代道里指標。

宋代郡縣的地方志相當豐富，現存的還有二十餘種，其中頗為人稱道的，是《吳郡志》、《臨安志》三種與《四明志》。

《吳郡志》，因題名為范成大所著而格外為人所重，但當年即因對作者有爭議而推遲印行。內容止於南宋紹熙三年（西元一一九二年），是較早的一部，確有其價值。全書專案較多，但詳略不一。以吳縣為重，其他皆略。最有價值的部分，是有關水利的記載，為後代地方志不及之處。

《臨安志》三種，分別以年號標明。乾道《臨安志》，周淙主編，成書於乾道五年（西元一一六九年），今存一一三卷。淳祐《臨安志》，施諤主編，成書於淳祐年間（西元一二四一～一二五一年），原書已佚失。咸淳《臨安志》，潛悅友編，咸淳年間（西元一二六五～一二七四年）成書，今本略殘。

《四明志》，羅濬編，成書於寶慶四年（西元一二二八年）。四明範圍大約相當於清代的寧波府，這是宋代重要的海運港口，因此在內容上列有「市舶」一節，專門講述海運管理機構與具體的市舶業務，這是其他方志所不見的。

宋代興起的方志熱潮，意義不在於幾部現存的宋代方志是如何的寶貴，更重要的是開創了方志這一重要的體例，興起了方志修撰的熱潮，這對於保存中國各地史料的意義更為重大。宋代在方志史上具有特殊的地位。

▌地圖繪製的高潮

宋代是在五代十國之後建立起來的國家，為鞏固中央集權的需要，地圖繪製成為當務之急。另外，宋代的疆域較小，為了恢復盛唐時期的國土，同樣需要大量的地圖。於是，出現了地圖繪製高潮，而且有兩個鮮明的特點：一是規模盛大，一是形式多樣。

地圖是古代中國的重要文化形態之一，歷代都很重視，但在數量上都不足以與宋代相比。現在中國尚存的古代地圖，宋代以前寥寥無幾，而到宋代卻一下子多了起來，這是宋代地圖數量巨大的合理結果。

　　宋代地圖記錄的範圍較為廣闊，不僅容納了宋代本身的疆域，而且將邊疆與邊遠民族地區盡可能地囊括進來。同時，還出現了許多專門的異族國域地圖，這既反映了當時民族間戰爭的實際需要，也反映了宋王朝希望恢復與擴大疆域的心情。

　　宋代地圖的圖幅，大大超過了前代。當時最大的《淳化天下圖》，是用一百匹絹合製成的，龐大的可謂創紀錄。像沈括所製的《天下圖》高一丈二尺、廣一丈的規模，在當時恐怕不只一幅、兩幅。

　　在形式上，當時不僅在地方志等書籍中有大量的版刻紙印地圖，還有像《淳化天下圖》這樣的絹繪地圖，這都不足稱奇。而大量的木刻圖與刻石圖，才是開創了地圖製作的新形式。木刻的地圖相傳起於南北朝時期，其真正興盛則是在宋代。木質的圖版不易保存，現代已經見不到了，但刻石地圖卻有許多保存了下來，能讓我們重睹當年的風采。

　　在宋代，還出現了地形模型熱。當時，除了沈括製作過地形模型外，朱熹、黃裳也都製作過類似的地形模型。地形模型比地圖更直觀，更形象，是現代沙盤製作的前身。沈括嘗試用麵糊木屑與熔蠟，朱熹嘗試用膠泥起草，這對地形模型的製作技術提高作出了應有的貢獻。

　　宋代的地圖眾多，至今猶存的不少，以下略舉數例推薦給大家。

　　名列首位的，當然是《淳化天下圖》。這是宋真宗在淳化四年（西元九九三年）詔集畫工根據各州地圖而繪製的特大型地圖，用去絹達一百匹，製成後藏於祕閣。但可惜的是，此圖後來不知去向。

　　《景德山川形勢圖》，於景德四年製成（西元一○○七年），藏於樞密院，今亦不存。《熙寧十八路圖》，於熙寧四年製成（西元一○七一年），有《圖副》二十卷，今亦不存。《天下州縣圖》，元佑三年（西元一○八八年）由沈括繪製，又稱《守令圖》，今亦不存。

　　以上四圖都是宏圖巨製，由政府收藏。

　　宋王應麟《玉海》卷十四、十六記載，太祖年間（西元九八○～九七五年）有幽燕地圖，至道元年（西元九九五年）與嘉祐二年（西元一

○五七年）有契丹地圖，咸平（西元九九八～一○○三年）與祥符七年（西元一○一四年）各有《河西隴右圖》、舊有《西界對境圖》，元豐五年（西元一○八二年）有《五路都對境圖》、《景德交州圖》，沈括曾繪製過契丹地圖，以上都是邊疆與民族疆域地區的地圖，自然都已佚失了。

現今仍然可以見到的，是保存在西安與蘇州的三幅石刻地圖。

在西安歷史博物館內的碑林中，有兩塊宋代石碑，分別刻有《禹跡圖》與《華夷圖》。據碑上的題記，都刻於阜昌七年（西元一一三七年）。《禹跡圖》據說原是裴秀的作品，《華夷圖》據說原是賈耽的作品，但碑刻上的《禹跡圖》與《華夷圖》恐怕未必真是裴秀與賈耽的作品。雖然如此，這兩幅圖畢竟是宋代的作品，因為珍貴，所以也就無可挑剔。

在蘇州原孔廟中所藏的《地理圖》，是南宋淳祐七年據著名地圖家黃裳的原稿所刻，自然名聲不小。

《禹跡圖》上刻有「《禹貢》山川名」、「古今州郡名」、「古今山水名」，實際成了一幅沿革地理圖。圖上有縱橫交錯的方格，以每方折百里計算，這幅圖的範圍是東西七千里，南北七千三百里。這是目前所見最大的有畫方的地圖，代表了當時先進的地圖製作技術。現代研究者有的認為這與沈括的製圖理論相同，故提出可能是沈括所作，這是一種可供參考的見解。

《華夷圖》可說是當時的世界地圖，但實際疆域並不大。這幅地圖的繪製技術顯然不如《禹跡圖》，但有一些特色，如山嶽用一個或兩個三角形表示，在大圖上又畫了兩個小插圖。特別是後者，現代地圖仍然使用這個做法，只是現代地圖加了方框以示區別，但宋代先人們的先行之功是不能忘懷的。

《地理圖》是一幅宋代的政治地理圖，圖中各路首府與駐軍中心刻為陽文，其他都為陰文。重點在宋朝疆域內，邊遠地區就不能按比例畫了。由於山脈都層巒疊嶂，所以顯得過於擁擠了些，但仍不失為一幅較好的地圖。

七、中醫

科學化與成熟化的進程

▍國家的作用

宋元時期，隋唐兩代興起的國家對醫藥進行管理與教育模式，得到了進一步的加強與發展。

宋代的醫學管理機構與教育機構是分開設立的，新設翰林醫官院是管理機構，太醫局則是醫學教育機構，這與唐代有所不同。元代以太醫院為管理機構，醫學提舉司為教育機構，名稱雖不同，道理是一樣的。

做為國家的醫學教育機構，對醫學的分類是整個醫學技術水準的重要標誌之一，成為對醫學發展有促進作用的重要因素之一。

唐代的醫學教育分為四科：醫科、針灸科、按摩科、咒禁科，顯然較為粗糙。宋代分為九科：大方脈科、風科、針灸科、小方脈科、眼科、產科、口齒咽喉科、瘡腫兼折瘍科、金鏃書禁科，比唐代一下子多了一倍以上。元代更是增加到了十三科：大方脈科、風科、針灸科、小方脈科、眼科、產科、口齒科、咽喉科、正骨科、金瘡腫科、雜醫科、祝由科、禁科，是唐代的三倍多。

從唐代到元代，醫學分科的發展速度相當之快。這種快速的發展，正說明原來的不成熟。而從元代再往後，分科的速度又趨緩，則表明了宋、元時代是從不成熟到成熟的重要時期。

醫學分科的成熟與精細，對於醫學人員的專門化、技術的精益化，有著重要的促進作用。國家對醫藥技術發展更直接的促進措施，是國家組織編纂醫藥著作，主要是本草類與醫方類的醫書。

在本草方面，宋政府先後編撰了《開寶本草》、《嘉祐本草》、《圖經本草》。此外，根據當時唐慎微私人撰修的《證類本草》三次加以重修而出版

——《大觀經史證類備用本草》、《重修政和經史證類備用本草》、《紹興校定經史證類備急本書》，成為明代李時珍《本草綱目》以前最優秀的本草類著作。

在醫方方面，先後組織編纂了《神醫普救方》一千卷、《太平聖惠方》一百卷、《聖濟總錄》二百卷，成為收方最多的著作。

像這樣的大型醫藥書籍，一般的私人自然是無力組織進行的，而它們的作用是極其重要的。由國家組織編纂醫書，其功至偉。

北宋景祐二年（西元一〇三五年），宋仁宗下詔編修院設置校正醫書局，組織校正出版重要的醫書。這是個重要的措施，對於重要醫書的出版產生了保證作用。

除此之外，還有一系列促進醫學發展的措施。

如北宋天聖五年（西元一〇二七年），翰林醫官院鑄造了俞穴銅人兩個，做為針灸教學與考試醫生之用。這兩個銅人的聲名甚至傳到了金國，以至在高宗建炎二年金宋議和時，金方居然將索要銅人做為議和的條件之一。

又如，北宋熙寧九年（西元一〇七六年）在開封設立了太醫局賣藥所（又稱熟藥所）。接著，又陸續在各地開設和劑惠民局（簡稱惠民局或和劑局）。這種藥局既賣藥也看病，完全是現代國立醫院門診的雛形。這是一個了不起的創舉，因此，元、明兩代也依然採用。

在國家對醫藥事業的大力推動下，整個國家的大形勢對醫藥的發展極為有利，從而為這時期的醫藥科學發展創造了良好的有利條件。

⊜針灸銅人

針灸銅人，是北宋醫官王惟一在總結前人經驗的基礎上鑄造的醫學教具。它大小與真人相似，周身有666個針點，359個穴位名稱。考試時，體外塗蠟，體內灌水，下針準確則針入水出，從而判斷學習的優劣，王惟一所製針灸銅人的原物現已不存，這具針灸銅人是明代英宗八年（西元1443年）重新鑄造的。

▌遲遲成形的法醫學與艱難起步的解剖學

　　法醫檢驗，是對凡有人身傷亡案件進行審理的首要且重要步驟。

　　在《禮記・月令》、雲夢睡虎地秦簡律書中，都有臨案勘察傷亡情況的紀錄，這是中國最早的法醫萌芽狀況。

　　法醫學的起源雖早，但成形較遲。據說在北齊有徐之才的《明冤錄》，是中國最早的法醫學專著。但這部書不久就失傳了，具體內容無從知曉，反映出法醫學依然沒有得到應有的重視，沒有成形。但經歷了千餘年滄桑磨煉考驗，法醫學成形的時刻有幸降臨在五代至北宋時期。

　　五代時期，和凝、和蒙父子聯手撰著了《疑獄集》（西元九五一年）。到兩宋，這類著作猶如雨後春筍般一下子湧現出許多部，如無名氏的《內恕錄》、鄭克的《折獄龜鑑》（西元一二〇〇年）、桂萬榮《棠陰比事》（西元一二一三年）、趙逸齋的《平冤錄》、鄭興裔的《檢驗格目》等等。在淳祐七年（西元一二四七年）誕生了一部彙集眾說，體系完整的法醫學名著——《洗冤錄》。

　　《洗冤錄》，又名《洗冤集錄》、《宋提刑洗冤集錄》，五卷，宋慈撰著。宋慈（西元一一八六？～一二四九年），字惠父，福建建寧建陽童游里人，嘉定十年（西元一二一七年）進士。宋慈長期職事政務，尤其是歷任廣東、江西、湖南等處提刑，對於法醫學有著豐富的實踐經驗。

　　《洗冤錄》卷一載《條令》等四篇，總論法醫的法令原則與基本方法；卷二載《初檢》等十二篇，講述各種屍體的情況與屍檢方法；卷三載《驗骨》等五篇，卷四載《驗他物及手足傷死》等十篇，卷五載《驗罪囚死》等二十二篇，都

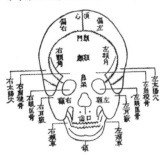

醫骨圖

　●
　《洗冤集錄》中的體骨圖
　這是宋慈《洗冤集錄》中的體骨圖。《洗冤集錄》是世界上最早的法醫學著作，不僅在國內廣為流傳，而且後來還被譯為荷、法、德、英、日、俄、朝等國文字，在世界法醫學界享有很高威望。

是講述各種傷亡的狀況與原因，以及屍體發掘、救死方法等。

宋慈對法醫的重要性、法醫的職責，有許多重要的論述，對法醫的責任心尤其重視，強調必須不懼髒累，「審之又審，不敢萌一毫慢易心」。

宋慈指出，法醫的工作程序應該是：到達現場後，先要進行對有關人員的詢問，再記下屍體的位置，驗看周圍場所，最後進行屍檢。他對於各種傷亡的鑑別極為精細、準確，對自殺、他殺、病故的區別十分精細和準確。

如，對於吊屍，宋慈指出：要仔細觀察吊起的現場與被吊者頸部的情況，還有繩索的情況。要注意吊的高度、繩子的結法、上面有沒有塵土、繩子是否移動過。如果是死後遭繩紮的，死屍上就沒有「紫赤」、「血陰」而只有「白痕」。

其他如溺死、燒死、自刑與殺傷等等，都有詳細的闡述。

在書末，還附有各種救死方。如人工呼吸、用明礬蛋白解砒霜毒等等，有些至今仍在使用。

《洗冤錄》是一部集大成的法醫著作，既是《內恕錄》等著作的經驗總結，也有宋慈自己的經驗心得，達到了一個相當有系統而高超的水準，標誌著中國古代法醫學的正式形成。

在《洗冤錄》問世後直到西方近現代法醫學傳入以前，它一直是古代中國法醫學的指導性著作。在現代，《洗冤錄》已經被譯成荷、法、德、日、朝、英、俄等多國文字，真正成為了世界法醫學寶庫中的一顆明珠！

與法醫事業緊密相關的是解剖屍體的工作。

在世界上許多國家與地區，屍體解剖是一件不足為奇的醫學工作，對於醫學的發展具有重要的作用。但在古代中國卻是一個不見於明文的「禁區」，是一個不可踰越一步的「雷池」。

但在宋代有兩次屍體解剖記載，而且繪成了圖譜，難道是這「禁

區」與「雷池」從此就被打破了？

　　第一次屍體解剖是在慶曆年間（西元一〇四一～一〇四八年），由畫工宋景繪成《歐希範五臟圖》。

　　第二次是崇寧年間（西元一一〇二～一一〇六年），也由畫工繪成圖，經醫生楊介整理校對，著成《存真圖》一卷。

　　這兩幅圖的原件都沒有能流傳下來，但《存真圖》的圖譜被元代孫煥的《重刊玄門脈訣內照圖》錄用而保存了下來，多少還能讓後人有些幸運感。

　　從當時的記載來看，解剖是成功的，記載的內容是基本正確的，所存的圖雖然疏略粗糙，但價值依然極高，因為這畢竟是中國現存最早的人體解剖圖著。

　　可是從此以後，人體解剖又在中國銷聲匿跡了。於是，不由人們要探究宋代解剖的人體究竟是什麼人。

　　幸好在文獻中有據可查，才使後人不致永遠被蒙在鼓中。第一次被解剖的，圖名中寫得很明白，姓名是歐希範。歐希範是何許人呢？原來他本是廣西的一位平民起事領袖，被統治者誘殺後，又被剖腹剖腸（參見鄭景璧《劇讀錄》）。第二次被解剖的，人名已經無從可知了，但也可能是一位平民起事者（楊介《存真圖》自序。皆錄自《中國醫籍考》）。

　　由此可知，宋代的解剖實在是偶爾為之的特殊例子，「禁區」與「雷池」並沒有被打破，一切依然如舊。

　　然而，正因為如此，宋代的兩次解剖，在中國傳統的醫學史上具有特殊的重要價值。

▌金、元四大家

　　這一時期，臨床醫學蓬勃發展起來，名醫與流派層出不窮。達到這一時期最高水準的、最負盛名的，則是著名的「金、元四大家」。

　　「金、元四大家」，即劉完素、張從正、李杲、朱震亨。他們的共同特

點是：既恪守《內經》、《傷寒》的傳統體系，又各有所創新，形成各自的風格。

劉完素

❶劉完素像
劉完素（西元1110－1200
年），又稱劉河間，中國金
代著名醫學家。治病以寒
涼藥物的運用見長，故有
「寒涼派」之稱，著有《素
問要旨》、《素問玄機原病
式》、《宣明論方》和《傷
寒直格》等醫學著作。

劉完素（西元一一一〇～一二〇〇？年），字守真，河北河間人，人稱「劉河間」。一生嗜好醫學，不願為官，堅持在民間行醫。由於他醫德高尚，醫技精良，深得民眾歡迎。他一生醫著甚多，有《素問要旨》、《宣明論方》、《素問玄機原病式》、《素問病機氣宜保命集》、《素問藥證》、《傷寒直格》、《醫方精要》、《三消論》等。其中《素問病機氣宜保命集》與《三消論》兩書，後人疑為託名之作。

《素問要旨》，主要論述五運六氣。《素問玄機原病式》是將《素問‧至真要大論》的「病機十九條」加以引申、發揮，從而確立他的火熱立論的主張。《宣明論方》也是在於闡發他的運氣之理。《傷寒直格》是將致病機理中的寒、熱二症加以區分，並繼續主張他的熱病之長。

整體來看，劉完素在運氣學說上頗有發展，強調運氣的「常」與「變」應該辯證相待。在致病機理上，對火、熱的因素更有心得，治療也以寒涼藥物的運用為長，故有「寒涼派」之稱。

張從正

張從正（西元一一五六～一二二八年），字子和，自稱「戴人」，睢州考城（今河南蘭考）人。興定中（西元一二一七～一二二二年）曾任太醫，但不久即辭去，亦在民間從醫。其著作較少，今存僅《儒門事親》一書。

《儒門事親》十五卷，由零散的十種著作合成，為後人所編。前三

卷是原本《儒門事親》，張從正原著。其餘
部分是他對學生麻知幾、常仲明等「講求醫
理」的實錄，由麻氏等編輯成書。

除前三卷《儒門事親》外，其餘卷四至
五為《直言治病百法》，卷六至八為《十形
三療》，卷九為《雜記九門》，卷十為《撮要
圖》，卷十一為《治病雜論》，卷十二為《三
法六門》，卷十三為《治法心要》，卷十五為
《世傳神效名方》，另有《三復指迷》一卷，
文已佚失。又，《撮要圖》後附有《扁鵲華佗
察聲色定生死訣》與《病機》，在《治病雜論》後附有《河間先生三消
論》，最後附有《太醫先生辭世詩》五首。

❶張從正像
張從正，中國金代著名醫學家。
治病以汗、吐、下三法為主，有
「攻下派」之稱。著作有《儒門
事親》。

張從正的醫學思想沿著劉完素的思路而又有所發展，他贊從劉完素一
直信仰的「六氣致病」說，把各種疾病的主要致病因素歸於六淫的邪氣入
侵，在治病原則上很自然地以「攻邪」為主，補養為次，在具體治療手段上
也就以汗、吐、下這三法為主，甚至認為攻就是補，於是得了「攻下派」的稱
呼。

張從正的醫學風格十分鮮明，三法的運用有獨到之處，但他的「速
攻」之策頗招致異議，因此對他的評價往往讚揚與批評兼而有之。

李杲

李杲（西元一一八〇～一二五一年），字明之，晚年自號東垣老人，河
北真定（今河北正定）人。出身於「貲富鄉里」的財主之家，因母病死於庸
醫而立志學醫，拜張元素為師，學成後名在其師之上。醫學著作有《內
外傷辨惑論》、《蘭室秘藏》、《脾胃論》、《醫學發明》、《用藥法象》
等。

李杲的行醫特點非常鮮明，他的醫學思想集中在脾胃診治上，他以

傳統的五行理論「脾胃為土」——土為萬物之母，脾胃為生化之源為基礎，建立起他的理論：（一）元氣為人生之本，脾胃為元氣之源；（二）脾胃之氣必須升降有序，序亂則致病；（三）火為元氣之賊，治則以「甘溫除熱」為主。

李杲這一思想，是與「外感」論相反的學說，因此他力主內補除病。他的這種偏重於內的傾向，也在獲得好評的同時招致了某些批評。

朱震亨

朱震亨（西元一二八一～一三五八年），字彥修，義烏（浙江義烏）人，人稱丹溪翁。學初宗文，後因母病、師病而改學醫，四十四歲始師從劉完素再傳弟子羅知悌。學成後，又深研《內經》、張仲景、張從正、李杲等學說，參以《易經》太極之理，作「相火」與「陽有餘、陰不足」之論，名聲始傳於四方。著作有《格致餘論》、《局方發揮》、《傷寒辨疑》、《本草衍義補遺》、《外科精要新論》等，以《格致餘論》與《局方發揮》最為著名。

朱震亨最著名的思想就是「相火」與「陽有餘，陰不足」理論。

「相火」論的要點為：（一）人有居火（心火）與相火（在肝腎、膀胱、三焦、心包、膽）。（二）相火主動，所以能生生不息。（三）相火為元氣之賊。

「陽有餘，陰不足」論的要點為：（一）天地、人身都是「陽有餘，陰不足」。（二）相火易動，故陰易泄，故陽更有餘而陰更不足。

朱氏的這一思想，是劉完素火熱說的新發展，因此他的醫術強調滋陰降火，並創製了「越鞠丸」、「大補陰丸」、「瓊玉膏」等養陰膏丸，從而得到了「滋陰派」（或稱「養陰派」）之名。

八、冶金‧建築‧紡織‧瓷器

百工競百技

在隋唐時期手工業興盛之後，宋元時期繼續了這種態勢，但一切又都變得更為成熟、更為進步。

▌冶金

宋元時代的冶金業，有三項進展尤為重要。

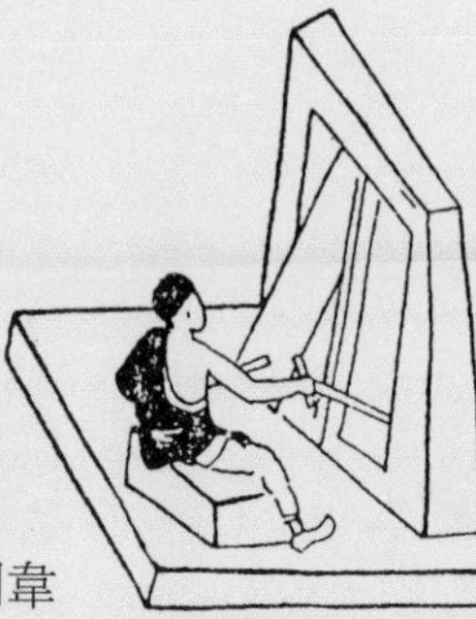

木風箱

在敦煌榆林窟西夏壁畫的鍛鐵圖中，就有了木扇，王禎的《農書》在記載水排中也說到：「古用韋囊，今用木扇。」

這種「木扇」，實際上就是簡易的木風箱。在箱頭部分裝有兩塊長方形的蓋板，上面安裝有拉桿，一人用左右手分別作推與拉的操作，就可以鼓風。

在北宋曾公亮的《武經總要‧前集》與元代陳椿的《熬波圖》中，都記載有一種更為進步的木風箱，並附有圖譜。這種木風箱裝有簡單的活門，比歐洲要早五、六百年。比這種簡單木風箱更進步的，是活塞式鼓風的木風箱，至遲在明代已經產生。

木風箱較為牢固，風量較大，還可以改裝成畜力與水力推動，因此，是現代鼓風機發明以前最先進的鼓風器具。而現代鼓風機的發明，是在木風箱的基礎上產生的。木風箱的發明與使用，是古代中國的又一項重要貢獻！

煤

用煤做為冶鐵的燃料，創始於南北朝時期。而普遍地在冶鐵中使

壹 貳 參 肆 伍 陸

● 木扇圖
這是在甘肅敦煌榆林窟西夏鍛鐵壁畫中的木扇圖（摹本）。

用，則是在宋代。特別是在北方地區，更為普遍，從而形成了北方用煤、南方用炭的基本局。這種局面一直到明代發明了煉焦技術後，才又開始向用焦炭冶煉的方向演變。

用煤冶鐵可以節約大量的木材，但也存在鐵的品質較差的缺點（因為含硫量過高），後來直到焦炭的使用才有所改變。

膽銅法

膽銅法，又稱「水法煉銅」。早在西漢時期的煉丹家們將鐵砂投入藍色的膽水中，眼看著黑灰色的鐵砂漸漸地變成了金黃色，開始以為發現了能「點鐵成金」的法術，可最終才知道那誘人的金黃色只是一層銅，而不是黃金。

然而，從科學的角度來看，從人類更長遠的利益上看，煉丹家們的收穫遠遠超過了黃金的價值。因為，單從煉銅這一生產來看，膽銅法與火法煉銅相比，成本低、速度快、品質高，優勢十分明顯。所以，人們紛紛用此法煉銅。

到宋代，膽銅法技術工藝已經相當完善了，成為了煉銅的主要方法之一。北宋時期，用膽銅法煉銅的作坊有十多處，年產銅達一百多萬斤，占當時銅產量的百分之二十左右。到南宋時，更占到了百分之八十五左右，可見規模之大。

在歐洲，膽銅法的發明要比中國晚五百多年，而且遲遲沒有形成大規模生產。直至十五世紀五〇年代，這一方法也只有少數人才知道，根本沒有類似中國大規模生產的景象。

■建築

宋元時期的城市建設（如開封、杭州、元大都）、木結構建築（如河北正定隆興寺與諸多的寺塔）、橋梁（如泉州洛陽橋、汴橋、蘆溝橋）等等，都獲得了足以稱道的成就，呈現出一派興盛的面貌。

與實際的建築成就相輝映的，是這時期誕生了古代中國第一部木構建築的技術法典——《營造法式》。

《營造法式》是當時主管國家建築的官員李誡受命編纂的，從紹聖四年至元符三年（西元一〇九七～一一〇〇年），長達十四年才修成，崇寧二年（西元一一〇三年）正式頒行。

全書共三十六卷，除去「看詳（即說明）」與目錄，正文共三十四卷（含三五七篇、三五五五條），內容可分為五大部分：

1、名例（卷一至二），是對建築專用名詞術語的解釋與定型，以克服名詞的混亂。同時，對一些基本的建築資料作了統一規定（如圓周率值為$\frac{22}{7}$等）。

2、制度（卷三至十五），對壕寨、石作、大木作、小木作、雕作、旋作、鋸作、竹作、瓦作、泥作、彩畫作、磚作、窯作這十三種（共一百七十六項）工程

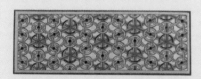
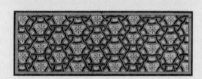

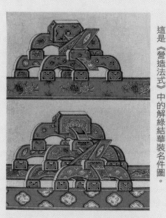

➊《營造法式》中的建築結構圖（二）
這是《營造法式》中的解綠結華裝名件圖。

➊《營造法式》中的建築結構圖（一）
這是《營造法式》中的五彩瑣文圖。

①晉江安平橋
這是晉江的安平橋，又叫「五里橋」，建於南宋紹興八年至二十一年（西元1138－1151年），是中國現在最長的石橋。

的尺度標準、操作規則與要求作出了具體的規定，與現代的建築工程標準、規範基本相同。

3、功際（卷十六至二十五），主要記載各種工程構件的勞動定額與計算方式。

4、料例（卷二十六至二十八），規定各種工程用料定額。

5、圖樣（卷二十九至三十四），是古代建築圖樣的彙編。

《營造法式》是中國到宋代為止，木構建築技術的經驗總結，對各種建築的式樣、規格、技術都有詳盡的記載，特別是第一次詳細記錄了古代的模數制（各種構件的具體尺寸比例），第一次載錄了古代的建築圖樣，價值極高。它不僅是古代中國建築工程的法典與百科全書，而且在當時的世界上也是一部內容最全面、規制最嚴整的經典著作，是世界建築史寶庫中的一顆耀眼的明珠！

壹

貳

參

肆

伍

陸

▌紡織

宋元時期的紡織業，延續了隋唐的興盛，形成了自己的特色。

首先是形成了以江南為中心的織造格局。

由於北方地區是戰爭紛陳的不寧之地，早已開始的經濟重心南移傾向更為顯著。到宋代，紡織業的中心移到了長江中下游的江南地區（或者說是太湖地區）。

其次是紡車織機的改進提高。

當時的紡車主要是這樣幾種：臥式手搖紡車、立式手搖紡車、腳踏紡車、水力大紡車。其中，腳踏紡車與水力大紡車尤為先進。

腳踏紡車是由一位民間的女紡織家黃道婆發明的，它的結構特點，是利用槓桿曲柄結構，把腳的往復運動變為圓周運動。由於紡車上可以安二繀、三繀直至五繀，大大提高了工作效率，這是世界上最早的多綻紡車。而在西方，直到十九世紀，還只有單綻的紡車。

水力大紡車自然更為先進。它不僅以水為動力，大大節省了人力。更重要的是，它的車身大，長約兩丈多，寬約五尺，綻數多達三十二個，晝夜紡紗可達百斤。在歐洲，直到十八世紀才由英國人發明了水力紡機，比中國晚了四百多年。

第三是紡織品的豐富多彩。

●黃道婆與腳踏紡車（雕塑）
這是位於黃母祠景區中的黃道婆與腳踏紡車雕塑。

❶黃道婆像
黃道婆，松江烏泥涇人，中國宋末元初的棉紡織技術革新家。

❶黃母祠
這是上海人民為紀念黃道婆而建的黃母祠一角。黃母祠現已成為上海植物園中的一個重要景區。

宋元的織品，棉、麻、毛、絲及刺繡品極為豐富多彩，以絲織品最為突出，特別是加金絲織品與緙絲品尤負盛名。

加金織物大約在東漢已經產生，成熟則在宋元時期。當時的加金技術，已經有十八種之多。儘管如此，加金只是增加富貴成分而已，科學與藝術的因素並不大。

真正值得讚美的是緙絲，緙絲的魅力在於能夠逼真地

【知識百科】

棉毯與織機記載

一九六六年在浙江蘭溪曾發現了一條南宋淳熙年間織造的棉毯，幅寬一點一八公尺。這樣寬度的織物，肯定是由寬幅織機織成的，這種織機應由兩人操作。

可惜的是，這樣的織機未見於記載。織機在元代薛景石的《梓人遺製》中（原本已失傳，今僅在《永樂大典》中有過錄，但恐非全本）著錄有：華機子（提花機）、立機子（立織機）、小布臥機子（絲麻織機）、羅機子（羅類織機）等。書中對這些織機的記載十分詳細，且擁有許多的獨家史料。

織出繪畫作品。當時最為著名的畫家兼緙絲名家朱克柔，有「茶花」、「牡丹」、「蓮塘乳鴨圖」等傳世珍品。她的緙絲，不僅是達官富豪們的寵物，連皇帝也要派員去搜刮。另外，像沈子蕃、趙昌、崔白等，都是當時著名的緙絲名家，他們的作品都可稱為絕世精品。

緙絲所顯示的高超技藝，是世界紡織品中的一朵奇葩！

▌瓷器

宋元瓷器天下聞名，至今猶然。

在宋元瓷窯的縷縷青煙中，光彩奪目、儀態萬方的瓷器源源不斷地被燒製出來。當時的瓷窯星羅棋布，遍布全國。最出名的有定窯、磁州窯、均窯、耀窯、景德鎮窯、趙窯、龍泉窯，建窯這八大最著名的窯址。

當時的瓷器格局，主體上依然是北白南青兩大體系，但實際上則是交匯融合，更趨豐富多彩。

南方的瓷器在瓷土的選用上有了很大的進展，許多瓷器的胎體已相當潔白，遠勝以往。

北方的窯爐一般較小，於是就有「覆燒工藝」（將胎器覆套疊合燒製）的發明，

❶宋代耀州窯凸花萊菔尊

耀州窯始於唐，宋代最盛，金元時持續生產，到明代停止。它是中國北方重要的產瓷區，以今陝西省銅川黃堡鎮瓷窯為中心。產品有黑釉、青釉、白釉和刻花青瓷器等。

❶元代鈞窯帶匣缽天青釉玫瑰紫斑碗

匣缽是重要的製瓷工具，種類很多。利用匣缽，可使瓷受熱均勻，不因煙熏而變色，又可增大爐窯容量。

①元代青花雲龍玉壺春瓶
青花瓷是釉下彩，這種工藝開始於唐代，宋代有所發展，到元代時開始興盛。元代青花瓷器種類繁多，有玉壺春瓶、盤、碗、壺等。

後來傳到了南方。而南方的一些窯爐，則採取了擴大容積的技術，甚至一窯就能燒製一萬到兩萬件左右。

在品種上，南方燒出了粉青與梅子青釉，北方燒出了銅紅釉與釉裡紅、白地黑花、釉上紅綠彩等新品種，而且還發明了印花裝飾、刻花裝飾等等。元代的青花釉瓷器，是釉下彩的新品，是元代瓷器的一大標誌性新品。尤其是景德鎮生產的孔雀綠釉、釉下青花的新品種，更是罕見的絕世精品。元代的「樞府」瓷器，同樣聲名顯赫。

宋元瓷器顯示出更為成熟的趨勢，從而在古代中國的瓷器史上具有非常重要的地位。瓷器的對外輸出占據了更大的比重，為豐富世界人民的生活作出了直接的貢獻。

① 元代龍泉窯粉青釉畫蓮花撇口碗
龍泉窯在今浙江省龍泉縣，開創於北宋，為宋代五大名窯之一，元明兩代繼續生產。

①北宋耀州窯印菊花碗模
這是製作碗坯的內模，刻菊花紋。花紋壓印在碗的內壁上，稱為印花。

哀世裡的奮爭
（明清時期）

　　曾經帶給古代中國繁榮與興盛的君主制度，到明清時代已經從顛峰上走了下來，在下坡路上緩緩地繼續行進。

　　從宋代開始繁榮起來的商業與長期頑強奮進的手工業，本應促進資本主義萌芽的發展。雖然在古代中國這塊土地上，這種資本主義萌芽的發展注定將是長期而緩慢的，但發展則是必然的。

　　單從中國本土的範圍來看，明清時期仍然湧現出了一些優秀的成果與人才，傳統的科學技術在緩慢地向前發展。但從世界範圍來看，昔日曾居世界科學技術前列地位的中國傳統科技已經大大落後於歐洲了。

一、明代四大科技名著

傳統科學的終哨強音

　　明代社會的科學技術發展最為突出的表現就是四大科技名著問世——李時珍的《本草綱目》、徐光啟的《農政全書》、徐霞客的《徐霞客遊記》、宋應星的《天工開物》。

▎李時珍與《本草綱目》

　　李時珍（西元一五一八～一五九三年），字東壁，晚年號瀕湖山人，湖北蘄州（今湖北蘄春）人。出身於一個世醫家庭，父親李言聞也是一位當地的名醫，撰有《醫學八脈法》、《四診發明》等著作。

　　李時珍從小就受到醫學薰陶，這是很自然的事。但真正使他走上醫學道路的，則是因為他從小身體瘦弱多病，多虧他父親的精心治療調養，才漸漸地好起來，就這樣，他開始跟父親與兄長學習醫藥知識。越學習，越感受到醫藥的重要性。

　　之後，雖然李時珍十四歲就考中了秀才，但他終究沒有走上仕途。二十四歲時，李時珍正式開始了他一生為之奮鬥的醫師職業。

　　李時珍很快地就顯示出了他在醫學上的特殊才能。特別是治療用藥方用，更為靈活、更講求實效。因此，治療的效率很高。對一些疑難病症，他往往奇招迭出，有意外的特效。

　　經過長期的醫療實踐，李時珍對前人所編的本草（如《唐本草》、《證類本草》）頗感不滿，決意要重寫一部新的本草。

❶李時珍像

明代著名的醫藥學家、植物分類學家李時珍。他的巨著《本草綱目》是世界醫藥科學史上的重要典籍。書中採用的先進的動植物分類法，比西方林奈1735年出版的《自然系統》早一個半世紀。他對每種藥物一般都記名稱、產地、形態、採集方法，藥物的性味和功用以及炮製過程，並指出過去書中的錯誤，對世界醫藥學和生物學作出了重要貢獻。

嘉靖三十一年（西元一五五二年），李時珍正式開始編寫。

為編寫好這部新本草，李時珍親自爬山涉水、訪採四方，甚至甘冒危險，親嘗各種藥物，從而積累起了豐富的第一手資料。萬曆六年（西元一五七八年），經過二十多年艱辛努力、嘔心瀝血，一部偉大的藥典——《本草綱目》終於誕生了！

《本草綱目》全書共五十二卷，一百九十餘萬字。全書將藥物分為十六部（水、火、土、金石、草、穀、菜、果、木、服、器、蟲、鱗、介、禽、獸、人），六十二類，共收藥物一八九二種，附方一一〇九六則，插圖一一一〇幅。

本書是古代藥物學的集大成著作，既匯聚了前人的著述八百餘種，又有李時珍自己精心修正、拓新的成分，從而使它達到了空前的高度。

對藥物的分類，是藥物學著作首要解決的基本問題。《本草綱目》對以往一些本草著作按毒性來分類的分類法頗為不滿，因此，改為按藥物本身的自然屬性來分類。在書中，李時珍將礦物藥分為水、火、土、石四部，將植物藥分為草、穀、菜、果、木五部，將動物藥分為蟲、鱗、介、禽、獸、人六部。

這一分類法，不僅符合藥物本身的規律，更接近自然界的客觀實際。不僅是礦物、植物、動物類藥物本身內部的分類較為正確，而且礦物、植物、動物這樣的安排順序，符合了自然界由無機到有機、由低級到高級的發展進程。

壹貳參肆伍陸

●《本草綱目》書影
這是李時珍所著《本草綱目》書影。

對每種藥物的具體解說，是以藥物名稱為「綱」，以下各欄為「目」：「釋名」，是藥物名稱的來源與原由；「集解」，說明產地、形態、採取方法；「修治」，說明炮炙方法；「氣味」，說明藥性；「主治」，說明藥物的主要功用；「發明」，記載前人與他本人對藥性、藥理與功用的見解；「辨疑」、「正誤」，是對前人本草書中說法的疑點與錯誤進行辨正；「附方」，說明藥物的臨床實際運用。

這些記載不僅十分全面、完善，而且使用十分簡便、明瞭，可謂是結構嚴謹、條理分明，足以成為藥典的標範。

《本草綱目》在全書開頭處設有「百病主治藥」一欄，對一七七類疾病（這是李時珍提出的分類）的治療方法與藥物都有詳細的記述。同時，在每種藥後面附錄了有關的藥方。在總共一一〇九六首附方中，八一六一首是李時珍親自搜集的。附上藥方，旨在給醫師與讀者臨床方便。

《本草綱目》雖然只是一部藥典，但它涉及的知識面極為廣泛，包括了生物學、礦物學、物理學、化學、農學、天文學、氣象學、生理學等其他學科方面的知識，這反映了李時珍知識面的廣闊。

《本草綱目》是古代中國醫藥學成就的最高標誌，也是中華民族對世界醫藥學的一大貢獻！

【知識百科】

「藥典之王」的世界影響

一部藥典的生命所在最最關鍵的就是準確性。在這一點上，《本草綱目》是中國古代藥典中最為傑出、最為優秀的。《本草綱目》並不是沒有絲毫的錯誤，但它的準確率確實是很高的。因此，它被公認為古代中國的「藥典之王」，享有極高的聲譽。

《本草綱目》問世以後，很快就以卓越的品質獲得了人們的普遍歡迎，翻刻不止。並且很快傳到了鄰國，接著被陸續譯成多國文字，僅英譯本就達十餘種，被西方稱為「東方醫學巨典」。包括像達爾文在內的許多世界著名科學家，都曾經引用了《本草綱目》中的記述。

▌徐光啟與 《農政全書》

徐光啟（西元一五六二～一六三三年），字子先，號玄扈，上海人，出生在一個小商人兼小地主的家庭裡。但他出生後，家道已經衰落。青年時期的徐光啟，曾在家鄉與廣東、廣西等地教書謀生。萬曆二十五年（西元一五九七年），考中舉人。萬曆三十二年（西元一六〇四年），考中進士。從此踏入仕途，先後在翰林院、詹事府、禮部任職，崇禎二年（西元一六二九年）後升任禮部左侍郎、尚書、內閣大學士。

徐光啟有著強烈的愛國之心，思想激進，主張富國強兵，多次提出具體的奏議，顯示出激進革新的傾向。

《農政全書》是徐光啟日積月累所成之書，大約從天啟元年（西元一六二一年）開始，至天啟五年（西元一六二五年）與崇禎元年（西元一六二八年）間完成初稿。徐光啟去世後，由陳子龍等整理刪補而成。

《農政全書》共六十卷，約五十多萬字，分為農本、田制、農事、水利、農器、樹藝、蠶桑、蠶桑廣類、種植、牧養、製造、荒政十二門。其重點在於屯墾、水利、備荒這三項內容，占據了全書篇幅的一半以上，單荒政一門就占了全書的三分之一。這樣的安排，是古代農書中絕無僅有的。

徐光啟對這些內容的重視，形成了本書的獨有特色。但如此的特色，它的政治經濟意義遠遠重於技術意義。徐光啟如此的處理，是他憂國憂民的一腔熱血的表現。

《農政全書》對於各地的新技術、新經驗極為重視，書中對松江地區植棉與棉田管理的新技術、河北肅寧在地窖內紡織的方法等，都作了實錄。他本人對於蝗災的預測與防治，就是一項重要的發明。

❶徐光啟畫像
徐光啟是明代著名的農業科學家、天文學家和數學家。他關心農業生產，注意引進西方近代科學技術，並力爭中西融合，使他的科學成就高出於當時的水準。

❶《農政全書》書影

這是徐光啟一生中最重要的著作《農政全書》。全書共60卷，50多萬字，包括了農本、田制、水利、農器、農時、開墾、栽培、蠶桑、牧養、釀造、造屋、備荒等有關農事的各個方面內容。

《農政全書》對舊的「風土不宜」說頗不以為然，認為這是引進、移植新品種的最大障礙。於是，他親自動手進行試驗，從福建引種甘薯到家鄉，在天津試種水稻，均獲得了成功。他還大力推廣種植烏桕樹、女貞樹，以發展副業經濟。

《農政全書》是中國古代農學的集大成著作，其中引錄前人的著作達兩百九十種之多，自己撰寫的有六萬字左右，是一部古代農學的百科全書。這是一部規模空前的農學巨著，是古代中國最完善、最全面、最系統、最先進的農學寶典，在中國農學史上有著極高的地位與價值。

徐光啟是一位有多學科造詣的全才型學者，除了《農政全書》以外，還獲得了一系列的科技成果。他主編了中國第一部引進西方天文學體系的曆法——《崇禎曆書》。這部曆法雖然在明代沒有使用，但在清代初年，傳教士湯若望將它改訂成時憲曆，在清朝時通用。

在改曆中，他主持製造了古代中國第一架望遠鏡（當時稱為「窺筒眼鏡」）。在新曆中，他引進了西方的天學體系、地球的觀念與球面三角學概念與技術。

在數學方面，他第一個翻譯了歐幾里德的《幾何原本》，開創了翻譯、介紹西方科技著作的新路（《幾何原本》當時只譯出了前六卷，後由清代數學家李善蘭與英國傳教士偉烈亞力合作譯完）。

徐光啟譯文的品質甚高，極少錯誤，文字通暢，特別是一些技術專用名詞（如幾何、點、線、面、平行線、鈍角、銳角、三角形、四邊形等

等），徐光啟譯定後一直使用到現今，這個功績將永載史冊。

徐光啟還撰著了《測量異同》、《勾股義》等數學專著，將中國傳統的數學與西方的數學作了新的融合比較，開創了數學研究的新道路。

徐光啟對中國科學技術事業的貢獻，絕不止於他的這些具體活動與成果。更重要的是，他是古代中國學習、介紹、引進西方科學技術的第一人。在相對保守的舊時代裡，能夠邁出這樣的步伐，需要極大的膽略與超人的遠見卓識。可以說，在學習、介紹、引進西方科學技術上，徐光啟是第一的勇敢者、先驅者！

壹
貳
參
肆
伍
陸

上海光啟公園內徐光啟塑像

徐光啟推廣甘薯圖
這是徐光啟正在試驗引種甘薯，並將它向全國其他地區推廣。

❶蒼山腳下的徐霞客塑像
　這是位於雲南大理蒼山腳下的徐霞客塑像，表達了中國西南地區人民對這位偉大的旅行家和地理學家的深深懷念。

▌徐霞客與《徐霞客遊記》

　　徐霞客（西元一五八六～一六四一年），名宏祖，字振之，霞客是他的號，江蘇江陰人。出身於一個地主家庭，但祖父與父親都是很有些聲望的學者，使他從小就能在知識的海洋中遨遊。少小的徐霞客對國家的壯麗山川尤為熱愛。由於當時朝政被魏忠賢等人把持，魏忠賢嚴厲鎮壓、打擊東林黨人，社會一片黑暗。徐霞客的家鄉就在東林黨人的聚居地無錫附近，使他目睹了政治的腐敗與殘酷，促使他決定終生不入仕途而投身於地理學的研究之中。

　　為此，從二十二歲起，他就像上足了發條一般，不停地遊歷於名山大川、中國各地。直到他五十六歲，長年的風霜浸侵、旅途的過度疲勞，才使這「發條」被崩斷而不幸病故。

　　就在這三十多年的時間裡，徐霞客的足跡遍及了江蘇、安徽、浙江、江西、河北、河南、山東、山西、陝西、湖北、湖南、福建、廣東、廣西、雲

南、貴州等十六個省區，他還計畫要去緬甸，可惜沒能實現。

　　徐霞客的遊歷，開始是去名山大川，後來向荒山野地進發，深入到少數民族地區，艱險困苦遠勝於以往。有好幾次，還差一些遇難喪生。他曾遇到過強盜洗劫，幾乎回不了家鄉。

　　在遊歷中，徐霞客對山脈、河流、岩石、土質、火山、礦泉等各種地質地貌與氣候、植物、動物等等，作了詳細的考察與認真的紀錄。每天考察結束，無論怎樣的環境、無論如何的疲勞，都要堅持記錄。

　　憑著這樣的長年積累，徐霞客以他的文字記錄了中國山河的壯美。但可惜的是，他的原稿後來卻大多散佚了，保存下來的不足原來的六分之一。後人將這些稿件整理成書，這就是著名的《徐霞客遊記》。

　　《徐霞客遊記》有十卷本、十二卷本、二十卷本等不同版本，約四十萬字。以十卷本為例，卷一上、下記述天台山、雁蕩山、白岳山、黃山、武夷山、廬山、九鯉湖、嵩山、太華山、太和山、五臺山、恆山及閩遊日記；卷二上、下記述浙游日記、江右游日記、楚遊日記；卷三至四記述粵西遊日記；卷五上、下記述黔遊日記；卷六至十上記述滇遊日記；卷十下記述附編（有詩文、題贈、書牘、傳志、石刻、舊序、校勘）。又，書前有序等。

　　《徐霞客遊記》以石山、峰、岩、洞穴、入水洞、旮井、環窪、墜穴、槽、塢、天生橋、峽、井等等名稱來表達各種形態，具體的大段描述更為眾多。經現代人複勘，徐霞客的這些記述都十分準確、逼真、生動。

　　《徐霞客遊記》對於長江、南北盤江、瀟江、湘江、灕江、怒江、瀾滄江等諸多江河的源頭、走向、支系等也進行了考察，糾正了舊說的一些錯誤。

❶徐霞客像

明代末年偉大的旅行家和地理學家徐霞客，足跡遍天下，到全國各地進行地理考察，一生中考察過的省區達16個之多。尤其是他對於西南和中南地區的岩溶地貌和溶洞的描述和研究，是世界地理學史上的光輝篇章，比歐洲人的考察要早一百多年。所著《徐霞客遊記》，是中國地理學史上的重要文獻。

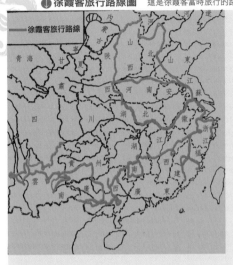

● 徐霞客旅行路線圖　這是徐霞客當時旅行的路線圖。

─── 徐霞客旅行路線

《徐霞客遊記》還記載了植物群種的分布，以及因地形、高度、溫度、風速而改變的情況。對火山爆發而引起的地形與植物的變化，書中也有紀錄。

《徐霞客遊記》是中國古代地理學從書齋走向野外實地考察的卓越成果，它對諸多地理狀況的記述與描繪至今仍價值不菲，它對中國古代地理學變化發展所產生的重要作用至今猶存，它是一份無比珍貴的重要歷史地理文獻！

■ 宋應星與《天工開物》

宋應星（西元一五八七～清初），字長庚，江西奉新人。出生於一個沒落世族家庭，明崇禎七年（西元一六三四年）任江西分宜縣教諭，後又任福建汀州（今長汀縣）推官、亳州（今安徽亳縣）知縣，明亡後棄官回鄉，大約在清初亡故。

宋應星的著述，有《天工開物》、《卮言十種》、《畫音歸正》、《雜

【知識百科】

《徐霞客遊記》中的石灰岩地貌記載

在現存的《徐霞客遊記》中，西南與邊疆地區的內容占了絕大部分，有關石灰岩溶蝕地貌的記載價值尤高。石灰岩溶地貌，又稱「岩溶地貌」或「喀斯特地貌」，是石灰岩在水的長期而緩慢的作用下形成的奇特地貌。這類地貌在中國西南地區分布廣泛、形態豐富。徐霞客對這類地貌的考察長達近三年的時間，並作了詳盡的紀錄與描述。這比歐洲愛士倍爾的考察要早一百三十多年。

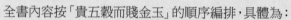

色文》、《原耗》等，其中大多已經佚失。近年來發現的〈野議〉、〈論氣〉、〈談天〉、〈思憐詩〉四篇佚作，有可能是《厄言十種》中的篇章。而最值得慶幸的是，他最著名的著作《天工開物》沒有亡佚。

《天工開物》成書於明崇禎十年（西元一六三七年），全書分上、中、下三卷，細分為十八卷。共約六萬餘字，插圖一二〇餘幅。

全書內容按「貴五穀而賤金玉」的順序編排，具體為：

卷一《乃粒》，記述水稻、小麥的種植技術與農具機械，兼及黍、稷、粟、菽等糧食作物，水稻尤詳。其中有關用砒霜拌種子以防蟲害、施用骨灰與石灰改良土壤等記載，都是前所未見的。

卷二《乃服》，記述養蠶與絲織技術、工具、機械，兼及棉、麻、毛的紡織。所載的「花機圖」，是當時最先進的提花機畫圖，極為清楚。

卷三《彰施》，記述各種植物染料與染色技術，重在藍草與紅花。其中關於蠶種變異的記載，是非自覺運用定向變異原理的實例。

卷四《粹精》，記述水稻、小麥的收割、加工技術與工具，兼及其他雜糧。其實這卷是卷一的續篇。

卷五《作鹹》，記述海鹽、池鹽、井鹽生產的技術與器具，以海鹽、井鹽為詳。其中，用曬鹽取代煮鹽是明代的新創造，有關井鹽生產的技術與器具的記載則是最為詳細的。

卷六《甘嗜》，記述廣東、福建的甘蔗種植與榨糖生產及設備，兼及蜂蜜與飴糖。其中的一

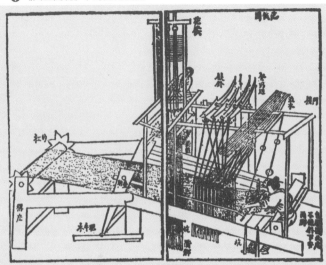

些技術至今仍在沿用。

卷七《陶埏》，記述磚瓦與瓷器燒造技術。對景德鎮記載尤詳，是關於景德鎮最早的詳細記載之一。

卷八《冶鑄》，記述了實模鑄造、失蠟鑄造與砂型鑄造的工藝。對群爐匯鑄與連續澆鑄大件的記載，尤為先進，尤為重要。

卷九《舟車》，記述各種舟船車輛的結構與使用方法。對漕運的船隻與北方的四輪大馬車記載尤詳。

卷十《錘鍛》，記述金屬（主要是鐵、銅）鍛造工藝，從大至數萬斤的「千鈞」鐵錨到小至繡花針，包括各種農具與手工工具，品種豐富。其中，有關用松木炭、豆豉、土末作滲碳劑的固體滲碳工藝，用液體滲碳的生鐵淋口法，刀具的「夾鋼」、「貼鋼」技術，反映了當時的先進技術。

卷十一《燔石》，記述煤礦的開採與石灰、礬石、硫磺、砒石的燒製。特別是對煤的分品種（明煤、碎煤、末煤）、煤井巷道的「支板」（巷道支護）、用打通的竹管來排放毒氣（即瓦斯）的記載，則都是在當時世界上領先的技術。

卷十二《膏液》，記述十六種油料植物的出油率、油的性狀、用途以及

壓榨法與水代法煉油的技術。有些技術至今仍在生產運用中。

卷十三《殺青》，記述竹紙與皮紙的製造工藝技術與設備。其中，用石灰漿處理竹穰，用柴灰處理紙漿，在紙漿中加紙藥汁，是當時製紙工藝中的三項關鍵技術。

卷十四《五金》，記述了金、銀、銅、鐵、錫、鉛、鋅等有色金屬的開採、洗選、冶煉、分離技術與合金的冶煉技術。其中，對各有色金屬化學性質的描述，對鋅與銅鋅合金（黃銅）的記載，都極有價值，黃銅更是世界上第一次見於記載。

卷十五《佳兵》，記述了弓箭等冷兵器與火藥火器。對提硝法、鳥銃、萬人敵（旋轉式炸藥包）、混江龍（半自動水雷）的介紹尤詳，使世人對當時的武器有了較詳細的了解。

卷十六《丹青》，記述了朱砂研製與墨的製造。朱砂研製，包括了從天然丹砂煉水銀，再以水銀與硫合製為銀朱。其中，由水銀再製成銀朱時，分量的增加乃是「借硫質而生」的論述，不僅揭示出了化合物概念的萌芽，而且是「品質守恆」思想的萌芽。

卷十七《麴蘗》，記述酒麴的製造，介紹酒母、藥用神曲及丹曲（紅麴）所用原料種類、配分比、製造技術及用途。其中用丹曲延長食物保存期的方法，可以說是現代用抗生素抑制微生物生長來保存食物這一方法的先聲。在製造丹曲時，要選用絕佳紅酒糟為菌種，再加明礬水保持曲種培養料的微酸性，以抑制其他有害菌的生長，在生物學上同樣是極為先進的技術。

卷十八《珠玉》，敘述珍珠、寶石、

●《天工開物》中的龍骨水車圖
龍骨水車又叫踏車，利用人力、腳踏車水，可將水輸送進缺水的田塊，對減輕旱情、調節稻穀生產中的水量有重要意義。

玉、瑪瑙、水晶的開採與琉璃生產。

《天工開物》完全可以說是一部中國古代農業與手工業生產技術的百科全書，在中國乃至世界科技史上都是極為重要的經典著作。

明代中後期出現的科學技術新思潮與新動向的特點就是講求實用，探求真知形成「經世致用」的風尚。

其社會背景就是資本主義萌芽對科學技術的推動與要求。很顯然，只要社會繼續向著資本主義的方向前進，這種新思潮與新動向也會繼續向前發展，最終產生出近、現代的科學技術體系。可惜的是，這個新思潮與新動向沒有能夠正常地向前發展。清王朝取代明王朝，所帶來的只是更落後的「閉關鎖國」意識、對科學技術的冷漠與輕視，從而使得剛剛萌芽的資本主義因素幾乎處於被窒息與扼殺的命運，整個科學技術幾乎遭受到同樣的命運。

而這種悲劇，更使我們對李時珍、徐光啟、徐霞客、宋應星（以及朱載育、方以智等）及他們的奮鬥精神倍加懷念！

【知識百科】

《天工開物》問世的影響

《天工開物》問世以後，首先是在國內引起了極大的注目。與宋應星同時代的另一位著名學者方以智，在他的《物理小識》最先引用了《天工開物》中的記載。清代官修的大型百科全書《古今圖書集成》與農學大典《授時通考》，更是大量地引用《天工開物》。其他引書者可謂是不計其數。《天工開物》本身也多次重版，以適應需求的增長。清末的梁啟超在《中國近三百年學術史》中，把《天工開物》列入了「最有價值的作品」之中。

《天工開物》最早於十七世紀末傳到了日本，在日本的學術界大受歡迎，形成了一門「開物之學」。此後，又傳入了朝鮮與歐洲，並被達爾文、梅洛、貝勒等著名科學家廣泛地引述。各種文字的《天工開物》譯本十分流行，被公認為古代「中國技術的百科全書」，宋應星被稱為「中國的狄德羅」。

二、鄭和下西洋
科技史上的意義

　　明代成祖至宣宗年間，鄭和率領一支龐大的船隊七次遠航印度洋沿岸，不僅有著重大的政治、經濟意義，而且有著重要的科學意義。

　　鄭和（西元一三七一～一四三五年），原姓馬，小字三寶，雲南昆陽（今昆明市晉寧縣）回族人，因長年侍奉與「多建奇功」而被朱棣（明成祖）賜姓鄭。正因為鄭和是朱棣的親信，且「有智略，知兵習戰」，所以被委任為下西洋的正使。

　　從明成祖永樂三年（西元一四〇五年）至明宣宗宣德八年（西元一四三三年），鄭和七次率領龐大的船隊到達亞洲和非洲的三十多個國家，完成了人類前所未有的航海壯舉。

　　這一壯舉的科學意義，首先是體現了當時中國的造船水準。

　　鄭和下西洋的船隊，總數在一百至兩百艘之間，其中長度超過一百公尺的大型「寶船」有四十至六十艘，最大的長度超過一百五十公尺，寬度超過六十公尺。出行的人員，有兩萬七千人之眾。這樣的規模，完全是空前的。

　　這些船隻是在江蘇的南京與太倉製造的。江南地區的船隻，大多是平底、

●鄭和海船（模型）
　這是明代鄭和下西洋時乘坐的海船（模型）。鄭和統率船隊，於西元1405至1433年間七次下西洋。船隊最大的海船長44丈4尺，寬18丈，立九桅，掛十二帆，是當時世界上最大的木帆船。

競技中國

多桅、方頭、方艄的沙船。平底,吃水淺,受潮水影響小,不易擱淺;多桅則多帆,多帆則快速。沙船的缺點是平穩性差,為此,在船身中間的兩側加裝了披水板(腰舵),在底部兩側加裝梗水木(舭龍筋),在船尾掛太平籃(遇風浪大時裝上石塊放入水中),從而大大增強了平穩性。特別是裝了披水板後,使得原來已具備的逆風張帆行駛的能力更為增強。這樣的沙船,在七級風力的情況下照樣能安全行駛。

遠洋航行,更能體現的是當時中國的航海技術。

鄭和下西洋所體現出的航海技術,是當時世界上最先進的,無論在定向、計程、測深還是針路設計、海圖記載各方面,都居於領先的地位。

定向技術,在古代最為複雜,分為天文定向與地文定向兩個大類。

天文定向,起源最早,看太陽、月亮、星辰的位置來確定航向,這是較為早期的做法。到元、明時代,中國已經發明了「牽星術」,能夠用牽星板觀測星的高度來確定船隻的地理緯度。這就比早期的單純定向大大的進步了。

牽星板是由十二塊正方形的烏木板與一塊方形象牙板配套組成。烏木板最大的一塊邊長二十四公分,以下每塊邊長遞減兩公分,最小的邊長為兩公分。方形象牙板的四角都缺刻,缺刻的長度,分別是最小烏木板邊長的 $\frac{1}{4}$、$\frac{1}{2}$、$\frac{3}{4}$、$\frac{1}{8}$。

牽星板使用時的基準星一般為北極星。觀測時,左手執取木板一端的中心,伸直手臂,將木板的上邊緣對準北極星,下邊緣為地平線,就能測出所在地的北極星距水平的高度。所以備有十二塊木板與象牙缺刻板,就是為了在具體觀測時選用合適的。求得了北極星的高度,也就能

計算出所在地的地理緯度。據史料記載，鄭和下西洋「往返牽星為記」。在低緯度看不到北極星時，則以華蓋星（即小熊星座β、γ雙星）為準，另外還有織女星、燈籠骨星等。

地文定向，是以航海羅盤來定方向。航海羅盤，有水羅盤與旱羅盤之分，當時用水羅盤為主，也就是指南浮針。這是中國古代的四大發明之一。

由於羅盤在航海中具有特殊的重要作用，在船上，放置羅盤的針房是最為重要的地方，一般人絕不能入內。據當時《西洋番國志》記載，管理羅盤、針路、海圖的，是最有航海經驗的火長。

計程，在當時沒有現代儀器的情況下，是用巧妙的土法實施的。在船頭把一塊木片投入海中後，就從船頭跑向船尾，看木片的情況，就能知道大致的速度。也有用燃香計量時間，看木片從船頭到尾部的時間是多少，用船的長度除以時間而求出速度。知道航速，也就能計算出大致的里程了。這與現代的扇形計程儀測速有些相似。

測深，略為簡單些。相傳至遲在唐代末年已經有「下鉤」與「以繩繫鐵」兩種測深方法，稍晚些又有用綱（大繩）測深的方法，最深可達五十餘丈。到宋代，測深已達到七十餘丈。

針路設計，是指用指南針（羅盤）引路，宋代已經產生。記載針路的專書，稱為針經（或「針譜」、「針簿」）。

● 牽星圖

這是鄭和下西洋時所繪製的牽星圖。鄭和在航海中採用了先進的航海技術，如羅盤、牽星術等。其中牽星術是利用牽星板，將天文、地理知識融合起來，為船隊定位、定向，以保證船隊順利航行的技術。

　　針路是預先設計的航程，而海圖是已經航行的紀錄。現在保存下來的海圖不少，其中包括鄭和下西洋的海圖（見明茅元儀輯《武備志》卷末所附「自寶船廠開船從龍江關出水直抵外國諸番圖」）。這些都是極為寶貴的航海史料。

　　包括牽星圖、航海圖等在內的史料，是鄭和下西洋的另一個科學意義——為我們留下了橫渡印度洋的紀錄與沿途三十多個國家的風土人情與地理狀況記載。

　　在鄭和下西洋之前，中國在唐宋時期已經能航行到非洲的東海岸。但那時候一般都是沿著阿拉伯海的航線到達非洲的，鄭和則是橫渡印度洋到達非洲的，留下的航海記錄就是第一份橫渡印度洋的史料，對於現今研究航海地理史是特別有價值的。

　　在鄭和下西洋以後，有些隨行人員曾對沿途所經過的三十多個國家的地理狀況與風土人情作了記錄，回國後著書出版，如馬歡的《瀛涯勝覽》、費信的《星槎勝覽》、鞏珍的《西洋番國志》等，使當時國內的人們能夠了解到世界上其他地區人們的情況。這對於史學工作者來說，更是無比寶貴的實錄史料。

　　鄭和下西洋，不僅是中國歷史上的一件大事，也是世界歷史上的一件要事，它大大地擴展了中國對於世界的影響，加強了中國與世界的聯繫。它在科技史上的意義，將永遠為後人所銘記！

●鄭和航海圖
　　這是明宣宗宣德五年（西元1430年）
　　鄭和最後一次下西洋時所用的海圖
　　（部分放大摹繪）。

三、星光綽約

其他的科學技術

明代中後期「經世致用」的科技思潮到了清代被漠視與扼殺，整個中國的科學技術領域沒有正常發展，遭受到同樣的悲劇命運，所獲得的成就有限。

▌農業

這一時期的農業，透過間作、套作、混作、輪作與各種精耕細作的手段，發展「一歲數收」以增加收穫，是最主要的成果。二歲三收、一歲兩收在許多地區得以實現，少數地區還可以達到一歲三收。

要實現一歲數收，施肥技術至關重要。當時有人糞、牲畜糞、草糞、火糞、泥糞、骨蛤糞、苗糞、渣糞、黑豆糞、皮毛糞等十大類肥料（參潘曾沂《潘豐裕莊本書·誘種糧歌》），可知當時施肥確已相當發達。

隨著中國與其他國家、地區的交往發展，一些新的農作物品種開始引進，特別是像甘薯、玉米的引進，對中國的糧食生產發展有著重要的作用，直到近現代仍是重要的糧食作物。

無論是明政府還是清政府，也不管在意識上有什麼區別，他們對農業的重視則是共同的，因為農業是整個國計民生的基礎。到了清代，清政府還主持修編了大型農政百科全書《授時通考》。

從另一方面來看，西方的工業革命、技術革命使得農產品的加工技術得到了很大的進展，但農業本身的進展遠不如工業那麼快（在當時還無法使農業有極大的發展），因此，至少在鴉片戰爭以前，中國的農業並沒有大幅度地落後西方。與工業相比，農業的差距要小得多，少數的技術依然繼續領先。

▌冶金

在明末以前，中國的冶金技術一直居於世界的前列。

當時的採礦業已經發明使用了「燒爆」與「火爆」的先進技術。焦炭與活塞式木風箱的使用，使原有的炒鋼工藝與灌鋼技術有了進一步的發展，達到了傳統煉鋼技術的高峰。

但很可惜的是，由於整個社會發展與科學技術體系發展的遲緩，傳統的冶金業沒有能夠發展轉化為近現代的高度，外國資本主義的入侵，中斷了這種緩慢的發展。

大約從清代開始，西方的冶金技術開始超越了中國，而且距離越拉越大，直到當代才被止住。

▌建築

明清的故宮與西藏的布達拉宮，是這時期宮殿建築的最高成就，無論在整體布局與單體建築方面，都達到了傳統建築的最高水準。

明清建築中的一支幽蘭，是園林建築。特別是私家園林在明清時期發展十分迅速，不僅是達官貴人，就是稍有些財力的中小地主，不管大小總要有那麼一個園林。江南地區的私家園林特別興盛，一些名園（如蘇州的拙政園、獅子林）至今仍然是人們遊覽的勝地。

明代末年，計成撰著了《園冶》一書，總結古代中國的園林建築技術，特別是江南地區的特色，成為一本園林建築的重要參考著作。

● **明代故宮**

這是建於明代的故宮。明代故宮的建築群建於1406至1421年，占地七十二萬平方公尺，有房屋近萬間，主要建築為三大殿，即太和殿、中和殿與保和殿。結構嚴謹，莊嚴美麗，為世界木結構的最高成就之一。而且附有各種附屬建築及庭院、樓閣，成為中國建築群的典範。

【知識百科】

被忽視的明長城

　　明代重修長城，這是一項極其浩大的工程，前後花了一百多年的時間，把原來的夯土牆變為了磚砌牆。這個工程量，遠遠超過了秦代，把一萬兩千里的長城重新修築好，是很不容易的事。而人們更主要的是稱頌秦長城而忽視了明長城，似乎有些不公。

❶西藏布達拉宮

　　這是西藏布達拉宮外景，是中國藏族人民建造的舉世聞名的建築，西元1614年為五世達賴喇嘛所重修，歷時五十餘年才完成。有房屋二千餘間，依山建造，共十三層，金碧輝煌，氣勢雄偉，為中國古代高層宮殿的代表作之一。

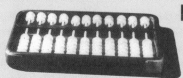
● 明代牙骨算盤

▋數學

　　由於商品經濟的迅速發展，應用數學在此時得以迅速的發展。景泰元年（西元一四五〇年），吳敬用了二十年的時間寫成一部《九章演算法比類大全》，將一般的實用數學問題基本收羅在內。特別是一些與商業有關的新內容，如利息計算、實物抵押、股份分成、加工貿易等問題，都是新形勢下的新問題，實用數學有了新的發展。

　　這種發展的另一個重要成果，就是珠算的廣泛普及。

　　成熟的算盤，至遲在元代末年已經產生，這在元末陶宗儀的《南村輟耕錄》中有明確的記載。

　　珠算與算盤是中國的一項獨創，它比舊時的籌算更為便捷。珠算與算盤產生以後，算籌逐漸地退出了歷史舞臺。

　　由於算盤的攜帶、使用十分便利，特別是由於商業的發展，對珠算有了更迫切的需求。因此，明代的珠算很快在全國普及推廣。

　　珠算的普及也迅速地在傳統數學中形成了一個新的分支，有關珠算的著作大量地湧現。在諸多的珠算著作中，最為著名、最為流行的，是程大位的《直指算法統宗》（簡稱《算法統宗》），不僅風行於國內，而且很快流行於日本。

　　算盤是電腦產生以前最先進的計算器具，珠算是那時最先進的計算方法。即使在今天電腦已經相當普及的情況下，算盤仍然有著用武之地。

▋音律

　　古代中國是音律學的先進國家，早在西周時期就有了十二音律與七聲音階。

當時的十二音律是以三分損益法來確定的，因此，十律中每兩律間的頻率比是不完全相等的，所以稱為十二不平均律。

十二不平均律存在著許多的缺陷，從漢代起就不斷有學者對音律的計算進行新的嘗試。

最終解決這一問題的，是明代的著名學者朱載堉。他在萬曆十二年（西元一五八四年）成書的《律學新說》中，第一次在世界上提出了十二平均律的計算成果，即每兩律間的頻率比為$\sqrt[12]{2}$。接著，又在《律呂精義》與《嘉量算經》中作了更具體、更詳細的闡述。

歐洲獲得同樣的成果，是音樂理論家梅爾生，但比朱載堉晚了半個世紀。

▊醫學

明清時期在醫學上最大的突破，是對於歷來被視為經典之《傷寒論》的致病說，提出了不同的學說。

明初的王履最先在治病原則上將溫病與傷寒區別開來，但認為這兩者在本質上是一致的。到明末，吳有性真正把溫病、溫疫與傷寒截然區別開來，從病因、發病、傳變過程和治療原則諸方面提出了全面有系統的新理論。

這個新理論到清代，又經過喻嘉言、葉桂等醫學家們的努力，使得溫病派正式形成。溫病派的最大功績，在於對一般熱性傳染病有了全面的認識。

當時另一項具有劃時代意義的重要

🔴 **印度供奉的天花女神**
人們企圖透過對神的祈禱來躲避天花病魔帶來的災禍。中國則在明代時發明了「種痘法」，依靠醫學的進步戰勝了天花病魔，並開創了免疫學的先河。

發明，是人痘接種法。

相傳在宋代以後，許多醫學家都致力於天花的預防探索。在經過了許多的探索嘗試後，終於在明隆慶年間（西元一五六七一～一五七二年）發明了「種痘法」。

當時的種痘法有兩大類：一類是痘衣法，即將痘疹患者的衣服給未患者（主要是幼兒）穿上，使他接受輕度感染，但這個方法的效果並不出色。另一類是鼻苗法，具體又有三種方法：一是用患者的痘漿塞入被接種人的鼻孔裡；另一種是將患者已經乾了的痘痂研成粉屑吹入鼻中，稱為旱苗法；再一種是將研成粉屑的痘痂用水調勻後，再用棉花蘸了塗於鼻內，稱為水苗法。由於第一種方法過於危險，所以一般是用水、旱苗法，但仍有一定的危險性。

到清代，進一步發現痘痂如果改用已種過多次的，危險性就會小得多，稱為「熟苗」，而不再使用新的痘痂（即「時苗」）。接種的部位由鼻孔改為上臂的外側，與現代的做法完全一致。

在外科方面，明代著名醫家陳實功的成就也頗引人注目。他曾成功地完成了難度很大的斷喉（氣管切斷）手術，這在當時猶如天神一般。他還創造了精巧的鼻息肉手術器具與下頜骨脫臼整復法、咽喉和食道內鐵針等異物的取出手術、痔瘻的掛線療法等等。

此外，陳司成在明崇禎五年（西元一六三二年）所著的《黴瘡秘錄》中，首次對梅毒的成因作了正確的闡述，並且最早實施了用含砷藥物治療梅毒的方法。

而辨證施治原則的確立，在這一時期更是意義非常。進行辨證施治，主張「四診」（望、聞、問、切）合參，反對只靠脈診一項來斷定疾病，這是古代中國傳統醫學早就形成的一個重要的理論，但真正確立起來並蔚然成風，則是在明清時代。這對於提高傳統醫學的科學性，具有重要的意義。

四、西學東漸的態勢

科學命運的抉擇

▌別具意味的西學東漸

　　十六至十七世紀，在中國除了清朝取代明朝這一件影響重大的事件外，一切都似乎是那麼的平靜，而在這塊大陸的西面，卻正在發生著空前的歷史變革。

　　西方這場變革的結果，就是資本主義制度取代了封建主義制度，先進的近代科學技術取代了傳統的科學技術。這裡的歷史，最先邁進了近代時期。

 赤道經緯儀
這是陳列在北京觀象臺的赤道經緯儀，製於西元1673年（清代）。

　　與此同時，這場變革對歷來權傾一時的教會也有極大的衝擊，使傳統的基督教分裂為新、舊兩派。新教在北歐占據了優勢地位，舊教則在南歐進行了「革新」。「革新」的結果是，舊教改造成了資產階級的一個工具，而其中一項重要的工作內容，就是配合資本主義在全球殖民擴張，向亞洲、美洲派出傳教士進行先期活動。

　　這種先期活動實質上就是思想擴張，是為經濟與政治擴張所作的準備工作。這就是西方傳教士們到亞洲、美洲國家與地區活動的背景與目的。為此，傳教士們每去一個國家或地區之前，都要針對這個國家或地區的情況做一些準備工作，準備一些能夠儘快切入的「敲門磚」。

　　對於中國這樣一個歷史悠久、經濟富裕、文化發達的大國，特別是思想上封閉性極強，單靠宣傳「上帝」、「耶穌」是很難獲得較好效果的。因此，他們把科學技術做為了「敲門磚」。於是，就有了傳教士的來華，有了西學的東漸。

　　最早來到中國的，是利瑪竇、熊三拔、湯若望、金尼閣等人。他們在來華的時候，或多或少地帶來了一些西方的自然科學書籍。

❶ 簡儀
陳列在北京觀象臺的簡儀。

壹

貳

參

肆

伍

陸

利瑪竇來華時，獻給明神宗的物品中，有《萬國圖志》一冊，後來，與徐光啟、李之藻等人合作，譯編了《幾何原本》、《勾股義》、《天問略》、《渾蓋通憲圖說》等十餘部著作。等到法國傳教士金尼閣在明末來華時，所攜帶的西文著作竟有七千餘部之多。

傳教士帶來的這些著作，有些譯、編成了中文書籍，但更多的是在一些中國的官員與知識分子中流傳。一些中國的知識分子，除了與洋教士一起譯編西書以外，自己也將所

🔴 **璣衡撫辰儀**
陳列在北京觀象臺的璣衡撫辰儀，製於1744年（清代）。

了解的西方科學技術知識寫成書籍或文章向國人介紹。

除上文已講到利瑪竇所譯編的外，陽瑪諾、熊三拔、穆尼閣、龐迪我、鄧玉函、湯若望、南懷仁等也都有譯編著作問世，內容涉及天文、數學、地理（與地圖）、物理、化學、火器等諸方面。

具體來看，天文與數學方面的數量最多，地理、物理等稍次之，化學、火器等又次之。

除了書籍以外，地圖自然是少不了，還有耐普爾的算籌與伽利略的比例規等。

當傳教士們對中國的情況開始有所了解以後，又準備投入具體的科技事業之中。利瑪竇曾向羅馬教會彙報，要求選派懂天文的傳教士來中國，從事幫助改訂曆法的工作。

崇禎二年（西元一六二九年），明王朝下令徐光啟主持改曆，徐光啟聘用龍華民等傳教士參與，傳教士開始直接參與中國科技事業。

新曆（《崇禎曆書》）編成後，因為採用的是西方天文體系，遭到了許多人的反對而沒有能立即被採用。正在圍繞這部曆法討論時，明朝頃刻間被清朝所取代。

清朝建立後，湯若望把新曆與渾天星球、地平儀、日晷、窺遠鏡等天文儀器進獻給順治皇帝，不久就正式頒行，稱為時憲曆。湯若望因此被任命為欽天監，開創了傳教士直接主持中國國家科技部門的先例。

康熙時，主持欽天監的南懷仁補造了黃道經緯儀、赤道經緯儀、天體儀、地平經儀、地平緯儀、紀限儀等六種儀器，並寫了《靈臺儀象志》來說明。

○天體儀

陳列在北京觀象臺的天體儀，製於1673年（清代）。

❶北京觀象臺

陳列在北京觀象臺的部分天文儀器。

　　透過這樣一系列的活動，傳教士們憑藉科學技術這塊「敲門磚」，較為順利地打開了中國的大門，他們不僅躋身於國家重要的科技部門，而且把持了這一部門。而真正的宗教活動，實際的收穫十分有限。可以設想，如果傳教士們單憑宗教活動而不用科學技術這塊敲門磚，怎麼能如此迅速地切入中國這麼一個文明古國呢？

　　其實，傳教士們當時所傳入的，並不是西方最先進的科學技術。以天文學為例，利瑪竇所傳入的，是西方早已落後的均輪本輪體系，比起渾天說沒有什麼先進之處，只是個別的計算略有特色而已。正因為如此，稍後傳入了第谷體系。但這只是原來的均輪本輪體系的變種，所以稱為小輪體系，《崇禎曆書》採用的就是這一體系。

　　清代初年，又傳入了瑪爾象體系，它與第谷體系唯一的區別在於，認為地球是在動的，每日自轉一周，其他沒有任何區別。

　　到了乾隆年間，當時在欽天監為官的傳教士戴進賢（德籍，一七一六年來華）傳入了開普勒發現的行星橢圓軌道與牛頓（當時譯為

「奈端」）計算地球與日、月距離的方法（見《萬象考成後編》），但還是沒有談到哥白尼的日心說與牛頓的萬有引力定律。

過了許多年，傳教士蔣友仁（法籍，一七四四年來華）第一次在他的《坤輿全圖》一書中，向人們介紹了哥白尼的日心說，而這時距哥白尼發表《天體運行論》已經有兩百多年了。可惜的是，當時這本書沒有引起什麼反響，中國真正認識哥白尼日心說，是在鴉片戰爭以後。

從明代中期第一位傳教士利瑪竇來華（西元一五八二年）到清代中期羅馬教會解散耶穌會（西元一七七三年）的近兩百年中，傳教士們向中國輸入了西方的自然科學技術知識。儘管傳教士們的本意只是把它做為一塊「敲門磚」，儘管他們的傳入是像擠牙膏一樣、斷斷續續、無章無序，甚至更主要是騎虎難下不得已而為之，但終究是在中國形成了西學東漸的態勢。

▍科學命運的抉擇

當傳教士們舉著西方科學技術這塊「敲門磚」叩擊中國的大門時，特別是當這塊「敲門磚」將影響到中國傳統科學技術的命運時，國人將採取什麼樣的態度與抉擇呢？

就統治者而言，大多採取的是實用主義態度，能夠接受如製曆、建造天文儀器、

●梅文鼎像

梅文鼎（西元1635－1721年），字定九，號勿庵，安徽宣城人，清代天文數學家。他一生共撰有天文學和數學著作七十餘種，其中數學著作二十餘種。他一方面對中國古代數學名著進行深入研究，另一方面又能認真學習和移植西方數學，努力會通中西並求超勝。康熙皇帝曾三次召見他，向他請教天文數學知識。他的思想對清代天文數學發展產生很大的影響。

幫助製作槍炮火器等等行為，但對科學技術在本質上的重要性，並沒有真正的認識。

在明清的統治者中，康熙皇帝是對西學最欣賞的一位。在他親政以後，首先解決了楊光先等彈劾湯若望而使湯若望入獄的事件。接著，任用南懷仁督造西式大炮以鎮壓吳三桂之亂，並且讓南懷仁建造新的西式天文儀器。南懷仁去世後，又任用法國傳教士張誠和白晉為翻譯，參與中俄邊界談判。還讓白晉回國聘請更多的傳教士來華。在他晚年（西元一七〇八～一七一八年）任命傳教士白晉、雷孝思等主持完成了最大規模的全國測量與最大的地圖繪製，成就斐然。他還指示張誠、白晉等編譯了《數理精蘊》（最終由梅瑴成等編定）這部大型的西方數學知識的百科全書，對中國數學的發展有著重要的作用。相傳這位皇帝也曾親身學習西方的科學知識，親自進行計算與測量。

但就算這樣一位皇帝，依然沒有提出什麼有利於學習西方科學知識的重大政策舉措，科舉的內容與形式沒有任何的改變，這說明統治者並不真正懂得科學技術的重要意義。

其他的皇帝，當然就更遠遠不如了。

對於一般的知識分子（包括為官的與民間的）來說，在這股潮流面前，大致有這樣四種態度與抉擇：

一是堅決反對，全然排斥。如明末清初的冷守中、魏文魁、楊光先等人，或是著文反對，或是上疏彈劾。他們之所以反對，最根本的是由於儒家的道統立場與民族狹隘心理。

二是視而不見，置若罔聞。如乾嘉學派及許多人士都是如此，人數較多。構成這一人群的原因比較複雜，有的是想歡迎卻又不敢，有的是想反對卻又缺乏過硬的理由，有的是怕惹麻煩，有的是不屑一顧，原因很多，表現卻基本一致。

三是兼收並蓄，中西會通。最突出的代表，就是清初的天文學家王錫闡與數學家梅文鼎。這兩位歷來被公認為中西會通做得最好的。確

實，他們是下了一定的工夫，獲得了一定的成績。但是，也必須看到：他們立場是有偏頗的，成績是有限的。這兩位的民族自尊心與儒家道統思想極其強烈，他們根深蒂固地認為中國的科學技術最發達，西方的科學技術不過如此，梅文鼎甚至認為西方的科學技術是從中國衍生出來的。因此，他們都主張要以中學為體，西學為用。除了思想上的這種深層次原因外，與他們當時所見到的西方科學技術並不是最先進的也有關係。如他們見到的西方天文學，還只是第谷的小輪體系，確實並不比渾天說高明多少。如果他們接觸的是哥白尼的日心說體系，恐怕就不會這麼說了。

四是棄舊迎新，全盤西化。以徐光啟、李之藻等為代表。

對這一派的評價，至今仍未一致。有的認為是正確的，也有的認為是「過分」了，是受了傳教士的蒙蔽。究竟哪一種看法更符合實際，恐怕有待於深入討論。

從人數來看，呈現兩頭小、中間大的狀態，即堅決反對與全盤贊同的都不很多，大量的是處於中間狀態，或是不置可否，或是中西會通。

但無論是哪一種態度與抉擇，都體現出了從未有過的困惑與彷徨。儘管當時的人們並沒有真正認識到將發生根本性的命運變化，但在隱約中，已經有了不安的感覺。長期高居於世界前列的中國科學技術，這一次是真正感覺到來自遙遠西方國家的威脅，在無形中人人都有著莫名的困惑、彷徨與手足無措。隨著這種趨勢愈演愈烈，思想上的困惑、彷徨也愈來愈強烈。

命運終將如何演變呢？

五、中國近代科學

匯入近代科學的滔滔洪流

　　面對西學東漸的態勢，正當人們面臨各種抉擇的時候，一八四〇年，鴉片戰爭爆發了，它徹底地改變了中國的命運，也徹底改變了中國科學技術的命運。

　　中國的命運，在此中斷了緩緩地向資本主義演進的歷程，走上了半帝制、半殖民地的道路。

　　中國科學技術的命運，更是經歷了獄火般的磨難，傳統的科學技術體系全面解體，唯有中醫與民間小手工業尚存一息。舊的體系解體，而新的體系尚未建立，一時間，在中國的大地上出現了幾乎是空白的局面。

　　中國的科學技術，從此開始了艱難的重新起步。

　　從明代中葉到乾隆時期，傳教士們傳入的西方科學技術知識，還只是西方近代早期的成果，與中國傳統的科學技術相比，領先的幅度並不是很大。但在十七世紀開始的資產階級革命與十八世紀工業革命的基礎上，十八至十九世紀的西方科學技術發展迅猛飛快。特別是以蒸汽機為代表的工業革命，標誌著整個生產領域跨入了近代時期，這對於科學技術的發展意義巨大。數學、天文、物理、生物、地質等學科的進展尤為神速，產生出了能量守恆定律、細胞學說、生物進化論這三項十九世紀上半葉最重大的發現。

　　與此同時，中國的科學技術又處於什麼樣的狀態呢？

　　首先是清王朝又重拾起了閉關鎖國的政策，把稍稍打開的國門又重新合上了。清王朝採取閉關鎖國的政策，既是出於傳統的保守與自大，也有對西方迅速強大的隱憂。但根本的一點是，腐朽落後的清王朝絲毫不懂得發展科學技術對於富國強兵的重要性。

●李善蘭像

李善蘭（西元1811－1882年），字競芳，號秋紉，別號壬叔，浙江海寧人，清代數學家、天文學家、翻譯家和教育家。他和西方傳教士一起合作翻譯了一批近代科學著作，從而使西方的解析幾何、微積分、哥白尼日心說，牛頓力學和近代植物學等開始傳入中國。他自己的天文數學著作彙編為《則古昔齋算學》，其中包含許多創造性的數學成就。

　　清朝的閉關鎖國政策，使得西學東漸的潮流被切斷，人們學習西方科學技術並力圖中西會通的努力就此夭折。

　　但就在這「萬馬齊瘖」的沉沉暮氣中，一批先進的知識分子，最先提出了學習西方、改良朝政的口號，林則徐、魏源就是最突出的代表人物。

　　就在鴉片戰爭的硝煙還未散盡時，魏源於一八四四年推出了他的《海國圖志》，提出了著名的「師夷之長技以制夷」的主張。

　　在這樣的改良呼籲與第二次鴉片戰爭的事實面前，統治者中以曾國藩、李鴻章等為首的洋務派掀起了洋務運動，企圖「師夷智以造炮製船，尤可期永遠之利」。

不管人們對洋務運動作何等的評價，但引進西方的科學技術與工業生產工藝、翻譯西方的書籍，無疑突破了閉關鎖國的政策，重新掀起了向西方學習的浪潮，開始邁出了重建中國科學技術體系的艱難步伐。

在這重建的艱難歷程中，譯書是至關重要的一環。據統計，自咸豐三年至宣統三年（西元一八五三～一九一一年）的近六十年中，共翻譯出版了四六八部西方的自然科學技術著作（參見周昌壽《譯刊科學書籍考略》）。這些科學技術著作，在長時間裡發揮了重要的作用。

同時，各方面的科學技術重建事業開始起步，數學、物理、化學、天文、地理、生物、醫學等科學及冶金、煤礦、鐵路、機械、造船、紡織、輕工、化工等工業都邁出了新的步伐，似乎有了新的轉機。

然而，此時的資本主義列強卻容不得這個昔日的東方巨人重新崛起，他們以一系列的戰爭和武力來瓜分中國。特別是一八九四年爆發的中日甲午海戰，將北洋水師葬身於滔滔黃海之中，宣告了洋務運動的完全失敗，中國的近代工業遭受了一次極其沉重的打擊。

可是，對於有著無比頑強毅力的中國人民來說，這致命的打擊激起了更為熾烈的救國強國欲望。於是，有了一八九八年血染的「百日維新」，有了一九一一年徹底結束君主王朝制度的辛亥革命。當我們北方的鄰國轟響了「十月革命」的炮聲後，在中國爆發了高舉民主與科學大旗的五四運動。它不僅標誌著中國現代時期的開端，更是中國科學技術真正開始發展的起點！

從鴉片戰爭到五四運動，中國知識分子在內憂外患的條件下艱難起步，在重重的岩石下鑿出縷縷泉流，匯入世界科學技術的洪流之中。

▍數學

儘管起點很低，但依然獨立地獲得一些可以稱道的成績。如項名達和戴煦對三角函數與橢圓圓周的求解，而成就最大的是著名數學家李

善蘭。他譯完了《幾何原本》的後九卷，他的「尖錐術」實際上已經求得了積分的公式，他所列出的一系列高階等差級數求和公式，成為頗有名氣的「李善蘭恆等式」，他在數論方面證明了著名的費爾瑪定理。李善蘭獲得的這一系列成就，使中國的數學開始進入了高等數學的領域。李善蘭之後的華蘅芳，則在數學著作的翻譯上成就卓著，譯出了大量的高等數學著作，在當時影響極大。

▌天文學

李善蘭與偉烈亞力合譯《談天》，使得國人瞭解了哥白尼的日心說與牛頓的天文力學思想，完成了天文學近代體系在中國的奠基。以後，在戊戌變法中，康有為寫了《諸天講》，嚴復寫了《天演論》，以近代的天文學知識做為革新變法的輿論工具。

▌物理學

李善蘭與艾約瑟合譯《重學》，首次介紹了牛頓的三大力學定律。另外，還有一些介紹聲學、光學、電學的普及性書籍，程度稍高級一些，是介紹X光射線，但似乎一直沒有再深入下去。後來有一些留洋的學生回來，在二十世紀三〇至四〇年代開展了一些高等物理的教學和研究。

▌化學

早期沒有專門介紹化學的書籍，只是在《博物新編》、《格致入門》一些書中專列篇章做了介紹。真正向中國民眾介紹化學知識的，是徐壽。這是一位在當時與李善蘭齊名的人物，他寫的《化學鑑原》（及《續編》、《補編》）、《化學考質》、《化學求數》等書，較有系統地介紹了西方新興的化學知識。

▌地理學

早期有魏源的《海國圖志》與徐繼畬的《瀛環志略》,致力於世界地理的介紹,後來譯出了英國地質學家賴爾的名著《地質學綱要》,改書名為《地學淺釋》。

在十九世紀後期,外國列強的地理地質學家開始來到中國,詳細考察中國的地理地質與礦藏資源分布情況,為他們進一步瓜分中國準備。

與此同時,清朝從一九〇三年開始在軍隊與地方建立測繪機構,並繪製出一些地區的地形圖。自此,中國有了近現代的測繪事業。

著名的地理學家與地理教育家張相文與一群志同道合的學者,在一九〇九年創立了地理學會,並在次年出版地學雜誌。該雜誌全憑張相文募捐支撐,而且全體編輯人員都是義務工作,雖屢經停刊,仍無悔無怨,堅持不懈,充分體現了中國知識分子的頑強奮鬥精神。

中國著名的地理學家章鴻釗、丁文江、翁文灝等在一九一三年創建了中國近代第一個地理地質研究所,這是中國第一個近現代科學研究的高等機構,具有極其重大的里程碑意義。在這個高等機構裡,不斷地吸收與培養出新的人才,也創造了不少卓越成果。

▌生物學

鴉片戰爭後對這方面的知識介紹增多,最主要的、影響最大的,是達爾文的進化論。

【知識百科】

近代的天文臺

一八七三年,法國在上海建立了近代第一個天文臺——徐家匯天文臺。一八九七年,德國占領膠州灣,也在青島建立了觀象臺。這種半殖民地性質的天文臺,是列強侵華的工具,但從另一個角度來看,後來這些天文臺收為中國所有時,又為中國的氣象、天文事業服務,培養了中國新的天文學人才隊伍。

▋醫學

早期是介紹西方的醫學知識，重點是解剖學、外科學、產科學、五官科學。一八二〇年，傳教士在澳門開設了第一家西醫診所。過了幾年，西方的教會與醫生在中國相繼開設醫院。一八五四年，美國的約翰夫婦在廣州開設博醫局，還附設醫學校，這是在中國設立的第一所醫學校。

教會醫院的建立，是傳教士們繼介紹西方科學技術知識後的又一種文化入侵的舉措，是與列強們的火炮戰艦相輔的另一種武器。但在客觀上，幫助中國培養了一些醫學人才，建立了一些醫學設施。

中國自己的西醫人才培養，開始於一八六五年同文館中設立的醫學班，後來設點越來越多，規模越來越大。與此同時，最早的留學生也開始了醫學的學習，成為中國又一支西醫學的人才隊伍。

在科學知識傳入、科學研究甫始的同時，近現代的工業開始建立起來，如機械製造、造船、鐵路、冶金、煤礦、石油、化工、紡織、印刷、造紙及其他輕工業、農產品加工業與水電煤氣公用事業等，初步培育起了資本主義的近現代工業萌芽。

總覽這一時期的科學技術狀況，在整個民族不屈不撓奮鬥中，有了兩個方面的進展：一方面是繼續介紹、學習西方的科學技術知識，另一方面是在科學研究與生產實踐上開始實質性的起步。

在繼續介紹、學習西方科學技術知識方面，相比上一時期單純被動地由傳教士們傳入介紹無疑有了質的飛躍，開始演變為我們自己主動進取的態勢。在介紹的內容上，西方當時較先進的成果基本上傳入了國內。在學習的形式上，已經不再滿足於看介紹的書籍與跟來華的洋人學習，而是走出國門去留學深造，更主動、更直接地學習最先進的科學技術。

在科學研究與生產實踐上開始實質性的起步方面，國內第一家科研機構的建立與一系列近現代化工廠企業的建立，意義極其重大。一切

介紹與學習的目的，歸根結底都是為了科研與生產，也只有科研與生產才能真正為救國救民與富國強兵服務。

在中國早期的工業開發中，詹天佑主持建造的京張鐵路意義重大。這項在一九〇五至一九〇九年建造的、全長兩百多公里的鐵路工程，沒有用一個洋人，完全由詹天佑率領中國的工程技術人員與廣大民工依靠自己的力量而建造成功，並在多處顯示了當時世界一流的建造技術，總造價只有外國人索要的五分之一，以至外國的工程技術人員也不得不為之折服。

這一時期，中華民族以無比堅強的毅力與精神，在政治上連連掀起無可阻擋的狂飆，蕩滌著一切腐朽與反動，在科學技術上則從幾乎是一片空白上邁出了意義巨大的第一步，並且獲得了突破性的成就。

歷史表明，中華民族以這種精神與毅力將在下一個時期掀起一個更大的狂飆，在政治上迎來社會主義時代，在科學技術上獲得更大的進展，重建起現代與當代的科學技術新體系，為重振科學巨人的風采打下紮實的基礎。

中華民族這位昔日的科學巨人正在血與火的洗禮中重新崛起！

結語

鳳凰涅盤
巨人的重生

　　中華民族這位昔日的科學技術巨人能否重新崛起，能否重振雄風，確實曾使所有的人擔心憂慮。因為從十六世紀以來，中國的科學技術已經落後西方長達四、五百年之久；人們有理由擔心她能否重回世界的前列。

　　面對這一切的關注與疑慮，能夠做出回答的，只有中華民族自己！

一、世紀的回眸

當我們站在這世紀之交的歷史關頭，回首中華民族科學技術的滄桑巨變時，不由得感慨萬千、心潮難平。一切人類的複雜情感，都在這一刻湧上了我們的心頭。然而，情感的浪潮終究會平息，而理性的思考才有著更長久的生命力。此刻，我們將正視兩個有關中國科技史重要而熱門的論題。

第一個論題是：古代中國究竟有沒有科學？

在常人看來，這一論題似乎有些奇怪，中國有那麼多科學技術的「世界之最」，怎麼還要問「有沒有科學」？

這就有必要先回顧一下這一論題的源起。在近代時期以前，由於中國與西方的直接交往極少，互相的了解也就極少。而當這種交往在近代開始發展起來的時候，西方的科學技術已經大大領先於整個世界了。因此，在西方人的心目中，除了他們自己以外，世界上沒有一個國家與地區是能與他們匹敵的，這也包括古代中國。

可是，隨著雙方交往的加深，特別是英國著名科技史專家李約瑟的鴻篇巨著《中國科學技術史》問世後，世人明白了：在西元三世紀至十五世紀這千餘年的時期裡，中國的科學技術竟然是遙遙領先於整個世界的！於是，認為古代中國沒有科學技術的看法被徹底否定了。

但問題並沒有完全解決，不久又有人提出了新的說法。他們認為古代中國與古代希臘（西方古代科學的典型代表）的科學技術有著本質的區別：中國的科學技術偏重於解決實際問題，更富於技術上的創造與製作；而古希臘則偏重於對科學技術本原的探討，形成了強烈的理論與邏輯色彩。

於是，就產生了這樣的觀點：古希臘才是有科學又有技術，而古代

中國卻只有技術而沒有科學。對這樣的觀點，顯然頗有爭議，這樣，就形成了「古代中國究竟有沒有科學」這一論題。

我們贊同在嚴格的意義上來說，「技術」與「科學」應該是有區別的。技術一般是指具體的工藝方法與技能知識，科學則是具體技術知識的結晶，是將知識、經驗上升為理論。因此，科學要具備對事物內在本原的嚴密理論闡述，要具有嚴密公理化的形式邏輯演繹系統。

但是，我們也反對把技術與科學完全分割開來的說法，有許多具體的技術本身就包含著理論的成分在內，特別是一些成就重大的技術成果，本身就包含著理論的成分。

我們也贊同古代中國與古代希臘的科學技術形態確有明顯區別的說法，但不同意這種區別是本質性的。古代中國有具體技術也有科學理論，與古希臘並沒有本質上的不同。

古代中國最為著名的陰陽理論、五行學說，原本就都是自然科學的理論學說。陰、陽，最初是對日照的受光面與陰影面這一自然現象的記述，至遲在春秋時期與「氣」論相結合而形成了氣分陰陽，陰、陽兩氣相和而生天地萬物的宇宙本源理論。這一理論後來發展為哲學理論，陰、陽成為了一切事物最根本的矛盾屬性。

五行，原本是早期對宇宙本原物質的一種認識，認為整個宇宙間的天地萬物都是由水、木、金、火、土這五種物質所構成的，它產生於「氣」論之前。到戰國時期，五行被賦予了哲學上的意義。

在具體的學科中，農業科學中「天時、地宜、人力」的系統理論，天文學中的宇宙起源理論與六大結構學說（特別是渾天說），醫學中的經絡學說，物理學上的時空統一的「宇宙」觀與宇宙無限的理論，數學中的極限理論等等，都是著名的科學理論。

又如，墨子、劉徽、沈括、方以智等著名的學者，無不是以在科學理論上的傑出成就而蜚聲古今中外，又有誰能否定他們在科學理論上的卓越建樹呢？也有學者認為：古代中國的科學理論有著明顯的直觀性、經

驗性、描述性與哲學性的特徵，是一種沒有成熟的自然科學理論。

此話不錯。但古代中國科學理論的這些特徵，並非只是中國獨有的，而是當時一切國家與地區所共有的，即使是古希臘也同樣如此。在當時的條件下，沒有一個國家與地區能建立起真正嚴密的科學理論體系。因此，有的學者鄭重地指出：古代中國沒有「近代科學」。而我們則要說：整個古代世界，都沒有「近代科學」。

綜而論之，古代中國有技術也有科學，與古代希臘沒有本質的不同。認為古代中國沒有科學，認為古代中國與古代希臘的科學技術有本質區別的說法，都是不符合歷史事實的。古代中國與古代希臘科學技術風格上的差異，只是程度上與數量上的，絕非本質上的。

這就是歷史事實！「事實勝於雄辯」，這句話是那麼的普通而又普及，然而它確實表達了一個真理——人類花了無數時間才總結出來而又顛撲不破的真理！

第二個論題是：為什麼在十六世紀後中國的科學技術會從領先者變為落後者？這就是著名的「李約瑟難題」之一。

自從李約瑟提出這一論題以來，討論十分熱烈，涉及的範圍極為廣泛，探索的程度甚為深入。在各種見解與觀點中，我們贊同這樣的論點：造成中國科學技術在十六世紀後從領先者變為落後者的根本原因，是由於明代中葉以後君主社會的嚴重束縛與資本主義發展的遲緩。

與此相應的是：歐洲的科學技術能夠最先進化為近代科學，並迅速崛起超越中國，根本的原因就是資本主義在歐洲的迅猛發展，並最先取代了封建制度。我們不妨回顧一下這命運多變的歷史：

從十四世紀末到十六世紀，在中國仍然是那麼年華依舊、不疾不徐地緩緩運轉時，歐洲卻正如火如荼地進行著文藝復興運動，對封建主義制度進行了激烈的批判，為資本主義的迅速發展並取代封建主義制度掃清了思想上的障礙。

從十五世紀開始，歐洲的資本主義果然獲得了飛速的發展。到一六

至十七世紀，資產階級革命在歐洲大陸接連爆發，率先完成了兩種社會制度的交替，歐洲大陸最先跨入了世界近代時期。

就在這樣獨特的條件下，歐洲的科學技術經歷了脫胎換骨的劇烈變化，一個全新的、近代的科學體系開始萌發形成，並超越了一切傳統的科學技術體系而高居於世界科學技術的峰巔。

歷史很清楚地揭示了歐洲近代科學產生與領先的因果關係，很顯然，如果沒有文藝復興運動，沒有資本主義的發展與資產階級革命的勝利，就根本不會有什麼近代科學技術體系。而這也就說明了為什麼在中國和世界上的其他地區都沒有能夠產生新的近代科學技術體系，勢必會落後於先進的近代科學技術，這是歷史的必然。

再深入一步觀察，我們可以看到：當歐洲的這種先進的近代科學技術傳入中國後，由於在這塊土地上實行的還是已經腐朽的君主制度，近代科學技術要在這塊土地上生根發芽，不能不處於十分艱難的境遇。

從一五八二年最早的傳教士來華到一九一一年清王朝滅亡，有三百多年的時期，中間還有維新運動，但效應十分有限。一九一一年的辛亥革命雖然把清王朝趕下了臺，但社會依然是半殖民地性質的社會，並非真正意義上的資本主義社會。可以說，直到一九四五年抗戰勝利以前，儘管時代已經跨入了現代時期，但在科學技術領域，中國連近代時期也尚未完全進入。

從二十世紀二〇至三〇年代開始，中國一些留學海外的學者和科學家，在這些國家的科研中，再次開始重現中華民族的出眾才智，獲得了一些世界領先的成果。然而國內仍未建立起近代科學技術的體系，離世界的先進水準越來越遠。

這國際國內種種歷史事實，不容置疑地說明了：這一時期科學技術的進展，根本的決定因素在於社會制度的變革與發展。

也有的學者認為西方的科學技術能發展為近代科學技術而中國沒能實現，是因為雙方的體系不同所致。

　　科學技術體系本身，確實是這時期科學技術得以發展的重要因素之一，但不是根本性、決定性的因素。

　　在上文中，我們已經講述到：古代中國與古代希臘的科學技術雖然有差異，但這種差異只是量的而非質的。在這裡，我們繼續認為：這種差異同樣不能決定只有古代希臘（即西方）的科學技術才能發展為近代科學技術而古代中國卻不能，這種差異只能影響科學技術發展速度的不同。

　　即使在歐洲，近現代的科學技術並不是產生在古希臘，而是產生在爆發了資本主義革命的英國等國家，不正是最能說明問題的鐵證嗎？

　　回眸歷史，思索歷史，都是為了面向未來。

　　在這世紀之交的前夕來回顧古代中國科學技術發展歷程的甘苦榮辱，正是為了在二十一世紀重振中華民族的科學技術事業。

二、巨人在重生

結語

　　在八〇年前五四運動的風暴，震撼著無數中華兒女的心胸，激勵著他們為拯救民族危亡而前赴後繼！

　　然而，中華民族這位昔日的科學技術巨人能否重新崛起，能否重振雄風，確實曾使所有的人為之擔心憂慮。因為從十六世紀以來，中國的科學技術已經落後西方長達四、五百年之久，人們有理由擔心她能否重列世界的前列。

　　面對這一切的關注與疑慮，能夠作出回答的，只有中華民族自己！

　　這個回答，不僅僅是一個人、一群人的，更重要的必須是整個民族的！不僅僅是一個口號、一種決心，更重要的必須是堅持不懈而又卓有成效的行動！

　　中華民族歷來不乏熱血志士，早在明清之際中國的科學技術開始落後的時刻、甲午海戰後中國處在最低潮的時候，中華民族依然在奮爭，在奮起。然而，那時只有少數人在行動，制度的沒落、政府的腐敗，使得真正的實效微乎其微。

　　經過了半個世紀的努力與奮鬥，中華民族的決心越來越堅定，步伐越來越堅實！巨人必定重生、正在重生！我們的這種信心，絕非只是一種豪氣，而是建立在堅實而可靠的保證之上。

　　在中國這樣一個儒家思想長期居於統治地位的國家，科學技術雖然曾經是那麼的輝煌，地位卻始終很低。特別是舊時代的統治者，從來不把發展科技與強國富民聯繫起來，甚至面對著許多的先進技術而置若罔聞。一切科學技術，在這些統治者眼中，都是那麼的無足輕重，都只不過是滿足他們享受的「奇器淫巧」。

　　因此，在中國這樣一個國家，提高對科學技術重要性的認識，比什

麼都重要。只有整個民族（特別是各級領導階層）都真正認識到了科學技術的重要性，才能重振昔日的雄風。

在經過了這些年來的宣傳教育與實踐認識之後，科學技術是第一生產力的論述越來越深入人心，成為指導經濟建設的思想綱領。如今，科學技術與科技英才成為了時代的驕子，為人們所敬重，所爭搶。尊重知識、尊重人才成了全民族的共識。

中華民族對科學技術的重視與認識，今天已經達到了前所未有的高度與深度。這對於巨人的重生，是第一重要的大事，是最根本的要素。有了這一條，巨人的重生就一定能實現。

在一九四五年幾乎是一片空白的基礎上，經過半個世紀艱苦卓絕的努力奮鬥，我們建立起了現代科學技術的體系，而且在許多領域接近或達到了世界先進水準，少數的還居於世界前茅。

更為重要的是，我們建立起了一個較為完整的現代科學技術體系，這不僅是巨人正在站起的標誌，更是巨人重振雄風的新起點。

我們是在極其艱難的條件下，只花了半個世紀就建立起了現代科學技術體系，這是一個了不起的奇蹟，它預示著中國將在下一個世紀裡全面地趕超世界先進水準，真正地重振科技巨人的雄風。

中華民族有無數優秀的傑出人才，現在又有了良好的國家環境，振興科學技術的目標一定能實現。現在所缺的，只是整體經濟還不夠發達，還不能為科學研究提供更好的裝備與更多的資金。而科教興國戰略的實施，不僅能更快地使國家富強起來，同時也能促進科學技術更快地向前發展。

展望這一個世紀，我們的國家將初步實現已開發國家的宏偉目標，我們的科學技術必將全面地達到和超越世界的先進水準。巨人重生的目標，將在下一世紀得以實現。

讓我們為中華科技巨人的重生而頑強奮鬥、高呼歡慶！

巨人必將重生、正在重生！

參 考 文 獻

杜石然等著:《中國科學技術史稿》,科學出版社,一九八二年版。

李約瑟〔英〕著:《中國科學技術史》,科學出版社,一九七五年版。

潘吉星主編:《李約瑟文集》,遼寧科學技術出版社,一九八六年版。

北京師範大學科學史研究中心著:《中國科學史講義》,北京師範大學出版社,一九八九
    年版。

劉洪濤著:《中國古代科技史》,南開大學出版社,一九九一年版。

吳聲功著:《科學技術的起源》,上海社會科學院出版社,一九八八年版。

吳聲功著:《銅鐵時代的科技進展》,上海社會科學院出版社,一九九〇年版。

自然科學史研究所主編:《中國古代科技成就》,中國青年出版社,一九七八年版。

余德亨著:《中國——發明之國》,湖北科學技術出版社,一九八九年版。

方克主編:《中國的世界紀錄·科技卷》,湖南教育出版社,一九八七年版。

中國科學院自然科學史研究所主編:《科學史文集》,上海科學技術出版社,一九七八年
    版。

薄樹人主編:《中國傳統科技文化探勝》,科學出版社,一九九二年版。

盧蔭慈著:《中國古代科技之花》,山西人民出版社,一九八三年版。

呂子方著:《中國古代科學技術史論文集》,四川人民出版社,一九八三年版。

中國科學院自然科學史研究所編:《錢寶琮科學史論文選集》,科學出版社,一九八三年
    版。

袁運開、周瀚光主編:《中國科學思想史》,安徽科學技術出版社,一九九八年版。

周谷城主編:《中國學術名著提要·科技卷》,復旦大學出版社,一九九六年版。

杜石然主編:《中國古代科學家傳記》,科學出版社,一九九二年版。

張潤生等著:《中國古代科技名人傳》,中國青年出版社,一九八一年版。

胡道靜、周瀚光主編：《十大科學家》，上海古籍出版社，一九九一年版。

周金才、梁兮同著：《數學的過去、現在和未來》，中國青年出版社，一九八二年版。

周瀚光著：《數學史話》，上海古籍出版社，一九九七年版。

陳遵嬀著：《中國天文學史》，上海人民出版社，一九八〇年版。

中國社會科學院考古所編：《中國古代天文文物論集》，文物出版社，一九八九年版。

《中國天文學史文集》編輯組編：《中國天文學史文集》，科學出版社，一九七八年版。

中國天文學會編：《天文集刊》，科學出版社，一九七八年版。

謝世俊著：《中國古代氣象史稿》，重慶出版社，一九九二年版。

王錦光、洪震寰著：《中國古代物理學史略》，河北科學技術出版社，一九九〇年版。

蔡賓牟、袁運開著：《物理學史講義：中國古代部分》，高等教育出版社，一九八五年版。

曹元宇著：《中國化學史話》，江蘇科學技術出版社，一九七九年版。

郭文韜著：《中國農業科技發展史略》，中國科學技術出版社，一九八八年版。

犁播著：《中國古農具發展史簡編》，農業出版社，一九八一年版。

梁家勉主編：《中國農業科學技術史稿》，農業出版社，一九八九年版。

傅維康著：《中國醫學史》，上海中醫學院出版社，一九九〇年版。

李經緯、李志東著：《中國古代醫學史略》，河北科學技術出版社，一九九〇年版。

苟萃華等著：《中國古代生物學史》，科學出版社，一九八九年版。

王成組著：《中國地理學史》，商務印書館，一九八二年版。

陳正祥著：《中國地圖學史》，香港商務印書館，一九七九年版。

2008年好讀強力主打新書系

人類文明的火苗，源自深邃的未知，
而漂移的痕跡，刻畫著我們獨有的印記。
不一樣的角度，就有不一樣的開始，
像是一間間收藏著神祕珍寶的密室，
怎麼看，怎麼精采！

最豐富多樣的圖片蒐集
最精緻易讀的版面設計

葡萄酒的故事

完整的把葡萄酒的歷史結集成冊，
所有葡萄酒愛好者必備的一本好書！
休・強森◎著／程芸◎譯
定價449元

愛因斯坦─百年相對論

收錄十一位各領域專家學者的文章，以及200張愛因
斯坦的珍藏照片，從其物理學家之路和個人生活兩
大部分來深入介紹這充滿矛盾性格的科學家。書中
深入討論愛因斯坦在空間與時間、機會與需求、宗教
與哲學、婚姻與政治、戰爭與和平、名聲與運氣、生命
與死亡的觀點。
安德魯・羅賓遜◎主編／林劭貞、周敏◎譯
定價350元

世界遺產機密檔案

本書精選全球最著名的50處世界遺產，搭配300張精
緻圖片以及最深入的古文明介紹。邀請讀者在欣賞
鬼斧神工的遠古建築奇蹟之餘，共同聆聽悠遠而神
祕的古文明之歌。
張翅、王純◎編著　定價339元

【圖解世界史叢書】

由影響歷史發展的500個精采故事組成，
搭配3000幅珍貴歷史圖片，再現人類文明的發展進程，
是您書櫃上必備的精緻世界史簡明百科！

圖解世界史【古代卷】
一文明的起源和繁榮

西元前3500年至西元475年
史前文明到羅馬帝國的世界故事
郭豫斌◎主編　定價350元　特價269元

圖解世界史【中古卷】
一黎明前的黑暗

西元476年至西元1500年
羅馬帝國的衰落到宗教改革興起的世界故事
郭豫斌◎主編　定價350元　特價269元

圖解世界史【近代卷上】
一啟蒙與革命

西元1501年至西元1793年
文藝復興誕生到法國大革命爆發的世界故事
郭豫斌◎主編　定價339元

圖解世界史【近代卷下】
一民主與統一

西元1794年至西元1889年
拿破崙叱吒歐洲到電氣時代來臨的世界故事
郭豫斌◎主編　定價339元

圖解世界史【現代卷】
一對抗與競爭

西元前1890年至西元2007年
歐洲舊勢力衰弱到今日科技文明飛躍的世界故事
郭豫斌◎主編

國家圖書館出版品預行編目資料

競技中國／周瀚光、王貽梁著.
—初版.—臺中市:好讀,2008[民97]
面: 公分,——（圖說歷史:18）

ISBN 978-986-178-080-1（平裝）

1.科學技術 2.中國史

309.2   97004025

 好讀出版

圖說歷史18

競技中國—圖解中國科技史

作者／周瀚光、王貽梁
總編輯／鄧茵茵
文字編輯／葉孟慈
美術編輯／藝點創意設計
發行所／好讀出版有限公司
台中市407西屯區何厝里19鄰大有街13號
TEL:04-23157795　FAX:04-23144188
http://howdo.morningstar.com.tw
　（如對本書編輯或內容有意見，請來電或上網告訴我們）
法律顧問／甘龍強律師
承製／知己圖書股份有限公司　TEL:04-23581803

總經銷／知己圖書股份有限公司
http://www.morningstar.com.tw
e-mail:service@morningstar.com.tw
郵政劃撥：15060393　知己圖書股份有限公司
台北公司：台北市106羅斯福路二段95號4樓之3
TEL:02-23672044　FAX:02-23635741
台中公司：台中市407工業區30路1號
TEL:04-23595820　FAX:04-23597123
　（如有破損或裝訂錯誤，請寄回知己圖書台中公司更換）

初版／西元2008年4月15日
定價：339元

Published by How Do Publishing Co., Ltd.
2008 Printed in Taiwan
ISBN 978-986-178-080-1

版權聲明

讀者回函

只要寄回本回函，就能不定時收到晨星出版集團最新電子報及相關優惠活動訊息，並有機會參加抽獎，獲得贈書。因此有電子信箱的讀者，千萬別吝於寫上你的信箱地址

書名：競技中國—圖解中國科技史

姓名：＿＿＿＿＿＿＿＿　性別：□男 □女　生日：＿＿＿年＿＿＿月＿＿＿日

教育程度：＿＿＿＿＿＿＿＿＿＿＿＿＿＿

職業：□學生 □教師 □一般職員 □企業主管
　　　□家庭主婦 □自由業 □醫護 □軍警 □其他＿＿＿＿＿＿＿＿＿＿＿＿

電子郵件信箱（e-mail）：＿＿＿＿＿＿＿＿＿＿＿電話：＿＿＿＿＿＿＿＿

聯絡地址：□□□＿＿＿＿＿＿＿＿＿＿＿＿＿＿＿＿＿＿＿＿＿＿＿＿＿＿

你怎麼發現這本書的？

□書店 □網路書店（哪一個？）＿＿＿＿＿＿＿＿□朋友推薦 □學校選書

□報章雜誌報導 □其他＿＿＿＿＿＿＿＿＿＿＿＿＿＿＿＿＿＿＿＿＿＿

買這本書的原因是：＿＿＿＿＿＿＿＿＿＿＿＿＿＿＿＿＿＿＿＿＿＿＿＿

□內容題材深得我心 □價格便宜 □封面與內頁設計很優 □其他＿＿＿＿＿

你對這本書還有其他意見嗎？請通通告訴我們：

＿＿＿＿＿＿＿＿＿＿＿＿＿＿＿＿＿＿＿＿＿＿＿＿＿＿＿＿＿＿＿＿＿

你買過幾本好讀的書？（不包括現在這一本）

□沒買過 □ 1～5 本 □ 6～10 本 □ 11～20 本 □太多了

你希望能如何得到更多好讀的出版訊息？

□常寄電子報 □網站常常更新 □常在報章雜誌上看到好讀新書消息

□我有更棒的想法＿＿＿＿＿＿＿＿＿＿＿＿＿＿＿＿＿＿＿＿＿＿＿＿＿

最後請推薦五個閱讀同好的姓名與 E-mail，讓他們也能收到好讀的近期書訊：

1.＿＿＿＿＿＿＿＿＿＿＿＿＿＿＿＿＿＿＿＿＿＿＿＿＿＿＿＿＿＿＿＿

2.＿＿＿＿＿＿＿＿＿＿＿＿＿＿＿＿＿＿＿＿＿＿＿＿＿＿＿＿＿＿＿＿

3.＿＿＿＿＿＿＿＿＿＿＿＿＿＿＿＿＿＿＿＿＿＿＿＿＿＿＿＿＿＿＿＿

4.＿＿＿＿＿＿＿＿＿＿＿＿＿＿＿＿＿＿＿＿＿＿＿＿＿＿＿＿＿＿＿＿

5.＿＿＿＿＿＿＿＿＿＿＿＿＿＿＿＿＿＿＿＿＿＿＿＿＿＿＿＿＿＿＿＿

我們確實接收到你對好讀的心意了，再次感謝你抽空填寫這份回函

請有空時上網或來信與我們交換意見，好讀出版有限公司編輯部同仁感謝你！

好讀的部落格：http://howdo.morningstar.com.tw/

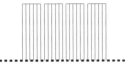
購買好讀出版書籍的方法：

一、先請你上晨星網路書店http://www.morningstar.com.tw檢索書目或

　　直接在網上購買

二、以郵政劃撥購書：帳號15060393　戶名：知己圖書股份有限公司

　　並在通信欄中註明你想買的書名與數量。

三、大量訂購者可直接以客服專線洽詢，有專人爲您服務：

　　客服專線：04-23595819轉230　傳眞：04-23597123

四、客服信箱：service@morningstar.com.tw